NFC 技术基础篇

王晓华　编著

U0244720

北京航空航天大学出版社

内 容 简 介

本书主要介绍 NFC 的基本协议,内容包括主机端与 NFC 控制器之间的通信协议、NFC 控制器与 eSE & SWP SIM 之间的协议、外部 POS 或者 READER 与 NFC 之间的射频协议。

本书适合 NFC 移动支付开发人员阅读。

图书在版编目(CIP)数据

NFC 技术基础篇 / 王晓华编著. -- 北京:北京航空航天大学出版社,2017.6

ISBN 978 - 7 - 5124 - 2444 - 9

Ⅰ.①N… Ⅱ.①王… Ⅲ.①超短波传播－无线电技术－基本知识 Ⅳ.①TN014

中国版本图书馆 CIP 数据核字(2017)第 133390 号

NFC 技术基础篇

王晓华 编著

责任编辑 胡晓柏 张 楠

＊

北京航空航天大学出版社出版发行

北京市海淀区学院路 37 号(邮编 100191) http://www.buaapress.com.cn
发行部电话:(010)82317024 传真:(010)82328026
读者信箱:emsbook@buaacm.com.cn 邮购电话:(010)82316936

涿州市新华印刷有限公司印装 各地书店经销

＊

开本:710×1 000 1/16 印张:9.75 字数:174 千字
2017 年 6 月第 1 版 2017 年 6 月第 1 次印刷 印数:3 000 册
ISBN 978 - 7 - 5124 - 2444 - 9 定价:39.00 元

前　言

一个偶然的机会通过 Lucy 同学认识了胡老师,恰恰自己在这个时间点也想比较系统地总结一下 NFC 的相关技术,并尽可能多地分享一些自己的经验。在胡老师以及家人朋友的鼓励支持下,我也决定试一试。

之前自己并没有过写书的经历,对一些创作过程以及格式排版也比较陌生,比如这个前言我就不是很清楚是怎样的创作过程,是说写好前言之后一直往下写呢还是说等把书都写完了,然后在后来的某一天再把自己出书的心声写上去。为此特意咨询过胡老师,他给我的指导性的回复是不用让别的东西束缚,按自己的想法来写就可以了。这样对一些篇幅格式等之类的问题我也就知道该怎么做了。我比较喜欢把东西想好再往下写,所以大家翻开书后看到的这个排版顺序几乎也就是我的写作顺序。

近年来由于智能机的快速普及给人们带来一个思考,那就是出门是否还有必要带上一个钱包,里面装上现金和琳琅满目的卡片?而且现在支付宝、微信支付已经成了人们生活中必不可少的支付方式。写这本书之前,心里也会经常问自己一个问题,就是市面上真的还缺少一种需要特别硬件来支持的支付方式吗?

对于这两个问题,前者显然这是一个趋势性的东西,而且目前在实体店里能看到越来越多的人在使用手机进行消费和支付,大家也在享受这个技术带来的便捷性。

后面这个问题比较多的还是在实际体验上面,以支付宝为主的移动支付基于QR 条码技术,对于用户来讲只需要一个客户端就可以解决问题,实体店只需要安装一套扫码枪接入服务即可以马上完成一个闭环支付体系,对于支付双方的学习成本是很低的。而对于 NFC 支付,就需要用户去购买特别带了 NFC 的支付设备,需要安装和激活卡片到手机上,带 NFC 支付的手机在市面上存量是一个问题,而且当手机导向市场后其实是没有一个真正意义上的运营主体的。这其实是一个巨大的问题,也就是说,没人会对用户体验进行直接负责。手机厂家对于 SWP-SIM 方案确实在商业利益考量上面来讲是没有动力的,运营商在实施 SWP-SIM 方案时大量的工作又是需要手机厂家和卡商去配合完成的。所以这一套方案玩下来,以 Android 手机为例,里面光要考量的各种软件版本就有 Android 版本、客户端钱包版本、NFC 协议栈版本、NFC 控制器固件版本、COS 版本、Applet 版本,里面还没有包括使用的硬件模块的版本等,只技术这一个环节就有大量繁琐的工作。NFC 基于的是一个射频通信技术,一旦铺向市场后就涉及需要和各种设备进行适配兼容性的工作,这个工作量也是巨大和难以想象的。

上面这些已知的难度是不是说 NFC 没有了机会,还有人会说 NFC 是十几年设计的技术框架,已经跟不上现在的节奏。显然这些质疑是站不住脚的。比如同样的无线连接技术 Wi-Fi 和蓝牙,仔细去查看它们的发明时间和普及时间点出现,它们都是经历过一段漫长的静默期,再到后面的某一时间节点某一个事件,此项技术才成为了标准配置。现在 Wi-Fi 技术就是一个随处可见、人人在用的东西,蓝牙也在连接耳机和汽车电子等领域发挥很大的作用,而且 Wi-Fi 和蓝牙的版本还在不停地迭代和演进,我们又有什么理由不去相信 NFC 不会成为标准配置的那一天。基础性技术确实在发展过程中会显现出上面提到的各种问题,但是所有这种类似的技术都是有一个自身发展的规律,不可能一蹴而就,也不可能像某些应用技术一样通过一个后台优化在短暂的一段时间内就做到质的飞跃。我时刻提醒自己保持一个积极乐观的心态去面对这些问题,也时刻提醒自己保持一个虔诚和敬畏的心态去面对技术。

既然我认可它是一门基础技术,也就是说这种东西是不会过时的,假如这个技术在若干年后不复存在,我也十分有理由相信本书里面的一些技术将会在别的一个什么技术或产品上灵魂附体开出美丽的花朵。

NFC 技术支持三种工作模式:读/写器模式、点对点模式和卡模拟模式,其实这三种功能属性都基于很相似的底层射频技术。如果能把这些底层比较相似的标准和规范进行收缩归置,再把上层数字协议的一些东西进行抽丝剥茧展现给大家,这也就给我写这本书带来了可能性,否则 NFC 的各种标准和规范之多、之复杂,我是万万不敢下笔的。

此书编写的另外一个目的就是因为在市面找不到一本比较全面介绍 NFC 技术的书。我的观点是应用级的东西写成的书其实时效性是不强的,而且应用技术本身发展得快去得也快。现在这种技术是一个流行的前沿尖端的技术,过个二三年可能整个架构都变了,而且这种技术在网络上的资源也十分丰富,但是协议性的东西在一个较长的时间段里不会发生一个质的变化,经常变化的就是扩充了协议子集,但新出来的版本还是会向下向前兼容的,所以有一本归置完整便捷、能供工程师案头查阅协议的工具类书就变得很有意义。

王晓华 2017/4/15　晴
于北京市海淀区牡丹园

目　　录

1　简　介 ……………………………………………………………… 1

2　术语和缩略语 ……………………………………………………… 4

  2.1　硬件部分 …………………………………………………… 4

  2.2　软件部分 …………………………………………………… 5

  2.3　安全单元和认证部分 ……………………………………… 6

3　通用无线连接技术 ………………………………………………… 9

4　NFC 与 QR 条码的比较 ………………………………………… 11

5　NFC 的三种工作模式 …………………………………………… 13

  5.1　读/写模式 …………………………………………………… 13

  5.2　卡模拟模式 ………………………………………………… 15

  5.3　点对点模式 ………………………………………………… 20

6　NFC 协议族 ……………………………………………………… 22

  6.1　NFC 协议族定义归属关系 ………………………………… 23

  6.2　ECMA TC47 协议预览 …………………………………… 23

  6.3　ISO/IEC 协议预览 ………………………………………… 24

  6.4　NFC-forum 协议预览 ……………………………………… 25

  6.5　ETSI 协议预览 …………………………………………… 26

7　NFC 系统框架 ·· 27

8　LLCP 协议详解 ·· 30

　8.1　LLCP 架构 ·· 30

　8.2　LLCP 工作流程 ·· 31

　8.3　LLCP 链路激活 ·· 31

　8.4　LLC 数据链路层格式 ·· 34

9　NDEF 协议详解 ··· 41

　9.1　NDEF 消息属性 ·· 41

　9.2　NDEF 记录 ·· 42

　　9.2.1　NDEF 记录的数据格式 ··· 42

　　9.2.2　NDEF 记录之间的关系 ··· 42

　　9.2.3　解码记录格式 ··· 43

10　HCI 协议详解 ··· 46

　10.1　HCI 数据包格式 ··· 47

　10.2　HCI 数据链路层 ··· 51

　10.3　LLC 的 CRC 代码示例 ·· 51

　10.4　第一代 NFC 控制器芯片与主机端交互的 HCI 数据示例 ··························· 54

11　NCI 协议详解 ··· 61

　11.1　NCI 定义范围 ··· 61

　11.2　NCI 消息类型 ··· 65

　　11.2.1　NCI 数据格式 ··· 66

　　11.2.2　NCI 命令详解 ··· 70

　11.3　路由表 ··· 94

12　ISO14443 协议详解 ·· 97

　12.1　Type A,B 调制方式 ·· 98

12.2　Type A 帧格式 ·· 101

12.3　Type A 激活过程 ··· 103

12.4　Type A 相关命令数据格式分析 ································ 106

12.5　Type A 数据交换格式-单帧 ·································· 106

12.6　Type A 数据交换格式-连续帧 ······························ 106

13　I²C 协议详解 ·· 108

13.1　I²C 简介 ·· 108

13.2　I²C 拓扑结构 ··· 109

13.3　I²C 7 位与 10 位地址编码格式 ······························ 110

13.4　I²C 读/写 ·· 110

13.5　I²C 总结 ·· 111

14　卡片和标签 ··· 113

14.1　Mifare（ISO/IEC 14443）······································ 113

14.2　Mifare Ultralight MF01CU1（Type 2 Tag）················· 114

14.3　Mifare Classic MF1S50（M1）··································· 125

14.4　NTAG20x and NTAG21x（Type 2 Tag）······················ 135

参考文献 ··· 146

1 简 介

近场通信(Near Field Communication,NFC)是一种近距离基于 13.56 MHz 频率通信的无线电技术。NFC 是一种非接触式技术,主要应用的领域有标签信息交互、门禁系统、卫生保健、优惠券、公交地铁、支付和消费电子产品等等。

资料显示一些前瞻性的 NFC 技术研究于 2002 年就已经开始了,但是正式的 NFC 概念于 2004 年 3 月 18 日由飞利浦半导体（现为恩智浦半导体公司）、诺基亚和索尼三家公司共同宣布研制开发,并同时成立了非营利性行业协会 NFC 论坛。NFC 技术规范定义的 NFC 本身的底层技术并没有说从零开始去设计和规划,而是基于现已有的 13.56 MHz 非接触式射频识别(RFID)技术演进变种而来,并且也做到了真正意义上的技术向下向前兼容,通用和适配性上面也做到了兼容市面上尽可能多的一些技术和已有产品,例如支持读取市面上已有的一些逻辑加密卡片,如 Mifare Ultralight、Topaz、Mifare Desfire、Felica 等,也支持读取基于标准 GP 规范的 JAVA 卡(CPU 卡片)。

从 2004 年论坛成立到现在,NFC 技术已经走过了十几个年头。这期间行业经历了各种起伏,有来自 IP 技术竞争方面的,也有来自商业竞争方面的,在此我们有必要回顾一下 NFC 的前世今生。下面罗列几个 NFC 的标志性大事件和时间节点。

2004 年　NFC 论坛正式成立;

2006 年　诺基亚公司发布第一款支持 NFC 的功能手机（Nokia 6131i）;

2010 年　Google 公司发布第一款支持 NFC 的智能手机（Nexus S）;

2010 年　默认在 Android 代码基线中集成 NFC 协议栈;

2011 年　Google 公司发布和运营基于 NFC 内嵌安全单元的谷歌钱包;

2013 年　Android 在 kitkat4.4 版本中使能基于主机端软件（HCE）的应用;

2014 年　Apple 公司发布的 iPhone6 等全线产品支持 NFC 技术;

2016 年　Apple 公司在中国发布了基于 NFC 技术的苹果支付（Apple Pay）。

看上面的信息鲜有国内公司的影子,单纯从趋势影响力来看确实国内公司的身份主要还是一个跟随者。如果只是以这一点来评价国内的公司这肯定是不公平的。

在整个 NFC 移动支付行业的低迷期,移动运营商确实是在投入和付出的,特别是中国移动、联通和电信三家公司对 SWP-SIM 方案的 NFC 手机的持续供血。最终方案在实际市场的运营反响和体验度是另外一个故事,但是现在回顾来看来对整个行业起到了重要的作用,至少不至于产生断代式的后果;还有一个就是中国银行业确实是对 NFC 移动支付做了大量细致的工作。尽管大家在说 NFC 移动支付,但当前市面上其实并没一个能快速实施和落地的完整标准和解决方案,要做到能真正地用起来,这还需要有大量的调试和开发工作。在中国特别是以银联、招商银行等为主的公司其实是做了大量详实具体的贡献。

上面仅是把影响行业趋势的大事件大节点列出来了,参考上面的时间节点并对应市场上 NFC 设备的占用率和激活率数据,我们不难看出两个巨大的加速引擎分别是智能手机的到来和移动支付的落地。原因为前者简化 NFC 技术集成的难度,后者则从用户体验入手把现有的一些非接触的支付应用集成到了手机里面,比如集成平时使用率高的公交卡和芯片银行卡应用等。目前能看到的 NFC 技术在支持模拟卡片的功能对用户体验带来极大的方便,例如用户的公交卡开卡和充值都可以在手机应用中完成,而不需要去公交充值站点排队等待。带 NFC 的支付功能的手机是可以在线下实体店中的大部分 POS 机上的完成银行卡的非接触刷卡交易,并且支持的线上有卡交易也是一个集安全和体验为一体的有价值的应用。从目前看到的线上有卡交易数据量,未来这可能是一个体量巨大的应用分支。

NFC 论坛定义 NFC 设备的三个大块的属性分别为设备对外部卡片标签的读/写模式、设备与设备之间的点对点通信模式以及设备本身支持模拟卡片的模式。

在论坛定义的读/写模式中,目前只是定义了 4 类标签,市面上的 NFC 设备一般是不止支持这 4 类标签,实际上支持得更多。但不管如何这 4 类标签中 Tag1/2/4 的射频技术都是基于 ISO/IEC 14443 的,Tag3 则是一个主要应用于日本国内的一个技术,规范参考(JIS) X 6319-4。

点对点的工作模式需要参考的规范为 ISO/IEC 18092。其实底层参考的射频通信技术也还是把 ISO/IEC 14443 和(JIS) X 6319-4 做了一些细微改动然后把它们揉在了一起。工作原因有机会与当初参与过讨论定义这个规范的人员进行交流,大概当初飞利浦和索尼公司在为了找到一个双方都能相互紧密捆绑在一起的技术点,用于双方分别支持的 ISO/IEC 14443 和(JIS) X 6319-4 设备能更好地互连互通,后来点对点模式找到了这个切入点,技术本身上来讲其实点对点的底层射频技术还是那两种。

关于卡模拟功能,标准上来讲就是根据各自的喜好或意愿,NFC 论坛本身不对此功能的具体技术进行定义和规范,所以想要了解更多的技术细节就需要去研究和学习 GP 规范和 JAVA 卡标准。根据这本书的市场反响我再考虑是否编写一本更多关于这个方面细节的书,这都是后话。不管你想模拟成一张什么样标准什么样技术的卡片,最终其实都是为了有更多用户能用起来刷起来,但是市面上已有的银行 POS、公交系统大部分都是基本 ISO/IEC 14443 的标准。

基于 ISO/IEC 14443 规范理论上通信距离能做到 10 cm 左右,这是一个理论数据,基于的是一个自由开放的射频场。事实上市面上已有的 NFC 设备由于结构件的限制、整机射频的复杂度,最终出来产品的通信距离基本上是要小于这个理论值。市场上看到的 NFC 设备成功交易的通信距离在 2~4 cm 之间,能保持在 4 cm 之内也是 NFC 论坛比较推荐的一个参考范围。现有能看到所有的公交和银行应用的交易数据吞吐量最多都是在几百个字节之内,也就是说 POS 读头与 NFC 设备之间即使它们握手在最低的通信档位 106 kbps,一次完整的交易也是在毫秒级以内完成的。也正是这个范围的通信距离和交易速度对于非接触刷卡交易有了一个比较好的用户体验基础。

所以说其实这三种功能属性几乎都是基于很相似的底层射频技术,如果能把这些底层比较相似的标准和规范进行收缩归置,再把上层数字协议一些的东西进行抽丝剥茧展现给大家,这也是这本书在接下来重点介绍给大家的。

2 术语和缩略语

在任何行业都可能有一些术语之类的东西会让圈外人一头雾水拒之门外,但其实解释清楚后就本身来讲并没有那么难,并且一些必要的缩写能提高大家的沟通效率。所以在开始具体的技术章节之前,这里把一些符号、术语和缩写形式所代表的意思总结如下。

2.1 硬件部分

表 2.1 列出了硬件部分的术语及出处和解释。

表 2.1 硬件部分术语

标示	出处和解释
NFC	Near field communication 近场通信技术
NFCC	NFC Controller NFC 控制器
NFCEE	NFCExecution Environment NFC 运行环境(例如 UICC)
RFID	Radio Frequency Identification 无线射频技术
SE	Secure Element 安全单元
eSE	Embedded Secure Element 嵌入式安全单元
CLF	Contact less front-end 射频前端
CLT	Contact less Tunnel 接触通道
PBTF	Power By The Field (aka PBF) 射频场取电
NFC-WI	Near Field Communication-Wired Interface 近场通信技术-接触接口(国际标准叫法)
S2C	SigIn-SigOut-Connection (aka NFC-WI) 双线接口包括信号进和出(企业内部叫法)
DCLB	Digital Contactless Bridge 数字非接触式桥(企业内部叫法)
SWP	Single Wire Protocol 单线协议
SWIO	Single Wire protocol Input/Output (aka SWP) 单线协议包括信号进和出
UICC	Universal Integrated Circuit Card 通用集成电路卡片
CICC	Close-coupledIntegrated Circuit Card 密耦合卡片
CCD	Close-coupled Device 密耦合读头

标示	出处和解释
PICC	ProximityIntegrated Circuit Card 近耦合卡片
PCD	Proximity Coupling Device 近耦合读头
VICC	Vicinity Integrated Circuit Cards 疏耦合卡片
VCD	Vicinity Coupling Device 疏耦合读头
UID	Unique Identifier 唯一标示号码
AID	Application Identifier 应用标示号码
PMU	Power Management Unit 单元管理单元
CGU	ClockGeneration Unit 时钟发生器
CIU	Contactless Interface Unit 非接触接口单元
MAC	Media Access Control 介质访问控制
PHY	Physical Layer 物理层
AGC	Automatic Gain Control 自动增益控制

2.2 软件部分

表 2.2 列出了软件部分的术语及出处和解释。

表 2.2 软件部分术语

标示	出处和解释
JVM	Java Virtual Machine Java 虚拟机
JSR	Java Specification Requests Java 规范申请
JNI	Java Native Interface Java 原生接口
FRI	Forum Reference Implementation 论坛参考实现
NDEF	NFC Data Exchange Format NFC 数据交换格式
RTD	Record Type Definition 记录类型定义
HAL	Hardware Abstraction Layer 硬件抽象层
DAL	Data Access Layer 数据访问层
OSAL	Operating System Abstraction Layer 操作系统抽象层
HCI	Host Controller Interface 主机控制接口
LLC	Logical Link Control 逻辑链路控制
LLCP	Logical Link Control Protocol 逻辑链路控制协议

续表 2.2

标示	出处和解释
P2P	Peer to Peer 点对点
REQA,B	Request Command,Type A,Type B 请求命令类型 A 卡,请求命令类型 B 卡
ATQA,B	Answer To Request,Type A,Type B 应答请求类型 A 卡,应答请求类型 B 卡
SAK	Select AcKnowledge 选择应答
APDU	Application Protocol Data Unit 智能卡应用协议数据单元
C-APDU	Command APDU 命令型 APDU 数据
R-APDU	Response APDU 应答型 APDU 数据
ATR	Answer To Reset 复位应答命令
ATTRIB	PICC selection command,Type B 类型 B 卡选择命令
HLTA,B	Halt Command,Type A,Type B 停止命令类型 A 卡,停止命令类型 B 卡
SEL	SELect code,Type A 类型 A 卡选择代码
SELECT	Select Command,Type A 类型 A 卡选择命令
WUPA,B	Wake-UP Command,Type A,Type B 复位命令类型 A 卡,复位命令类型 B 卡
NfcA	ISO14443-3A ISO14443 第三层协议类型 A 卡
NfcB	ISO14443-3B ISO14443 第三层协议类型 B 卡
NfcF	JIS 6319-4 日本 Felica 标准的参考规范
NfcV	ISO 15693 近场耦合卡片的参考规范
IsoDep	ISO 14443-4 近场感应卡片的参考规范
CLT cmd	first byte is not 'E0(RATS)','50(HLTA)','93(ANTI-1)','95' or '97',第一条指令不为 E0/50/93 的命令
Tag 1	Topaz 企业内部商标卡片的叫法（T1T）
Tag 2	MIFARE Ultralight 企业内部商标卡片的叫法（T2T）
Tag 3	Felica 企业内部商标卡片的叫法（T3T）
Tag 4	MIFARE Desfire 企业内部商标卡片的叫法（T4T）

2.3 安全单元和认证部分

表 2.3 列出了安全单元和认证部分的术语及出处和解释。

表 2.3 安全单元和认证部分术语

标示	出处和解释
GCF	Global Certification Forum 全球认证论坛
PTCRB	PCS Type Certification Review Board 个人电脑类型认证审查委员会
CE	Conformite Europeenne 欧洲安全合格标示
FCC	Federal Communication Commission 美国联邦通信委员会
FCT	Forum Certificate Tests 论坛认证测试
PBOCx.x	People's Bank of China (aka JR/T 0025-2005) 中国人民银行支付规范标准
BCTC	Bank Card TestCenter (China) 银行卡检测中心(中国)
SCC	Standards Council of Canada (Canada) 加拿大标准委员会(加拿大)
CESTI	Centres d'Evaluation de la Sécurité des Technologies de l'Information (France) 技术安全信息评价中心(法国)
BSI	Bundesamt für Sicherheit in der Informationstechnik (Germany) 德国联邦信息安全局(德国)
UKAS	United Kingdom Accreditation Service (UK) 英国认证服务局(英国)
NIST	National Institute of Standards and Technology (US) 国家标准与技术研究所(美国)
CC	Common Criteria 通用标准
EAL	EvaluationAssurance Level 评估保证级别
FIPS	Federal Information Processing Standards 联邦信息处理标准
EMV	Europay MasterCard and VISA 欧洲万事达和维萨组织
JCOP	Java Card Open Platform Java 卡开放平台
JCVM	Java Card Virtual Machine Java 卡虚拟机
JCRE	Java Card Runtime Environment Java 卡运行环境
GP	Global Platform 全球卡片平台标准
OP3	Open Platform Protection Profile 开放平台保护规范
TOE	Target Of Evaluation 目标评价
SFRs	Security Functional Requirements 安全功能要求
SARs	Security Assurance Requirements 安全保证要求
PP	Protection Profile 保护规范
ST	Security Target 安全目标
DAP	Data Authentication Pattern 数据认证模式
ACM	Access Condition Matrix 访问状态矩阵
EAC	Extended Access Control 扩展访问控制
LDS	Logical Data Structure 逻辑数据结构
CQM	Card Quality Management 卡片质量管理

标示	出处和解释
PKI	Public Key Infrastructure 公共密钥
RNG	Random Number Generator 随机数发生器
SFI	Single Fault Injection 单一故障注入
AES	Advanced Encryption Standard 高级加密标准
DES	Data Encryption Standard 数据加密标准
RSA	Rivest，Shamir and Adleman asymmetric algorithm 不对称算法
IIN	Issuer Identification Number 发行识别号码
PIN	Personal Identification Number 个人识别号码
OID	Object Identifier 对象标示符
TLV	TagLength Value 标签 长度 键值
SMX	Smart MX 企业内部商标卡片的叫法
CM	Card Manager 卡片管理者
CVM	Cardholder Verification Methods 持卡人检验方法
ISD	Issuer Security Domain 主控安全域
SSD	Supplementary Security Domain 辅助安全域
TSM	Trusted Service Management 可信服务管理
HSM	Hardware Security Module 硬件加密机
SE	Secure Element 安全单元
eSE	embedded Secure Element 内置安全单元
SEI-TSM	Secure Element Issuer-Trusted Service Management 安全单元发行商可信服务管理
SP-TSM	Service Provider-Trusted Service Management 服务提供商可信服务管理
TEE	Trusted Execution Environment（ex. MobiCore）可信赖执行环境
OP-TEE	Open Source Trust Execution Environment（https：//github.com/OP-TEE）TEE 开源社区操作系统
REE	Rich Execution Environment（ex. Android，iOS）通用执行环境
TA	Trusted Application（ex. Alipay Wallet）可信赖应用程序
TZ	TrustZone（ex.Cortex-A15，Cortex-A9，Cortex-A8，Cortex-A7，Cortex-A5，ARM1176）信任区
TCM	Tightly Coupled Memory 紧耦合存储器
TZPC	TrustZone Protection Controller 信任区保护控制器
TZMA	TrustZone Memory Adapter 信任区存储适配器
TZASC	TrustZone Address Space Controller 信任区控制器地址空间
SMC	Secure Monitor Call 安全监控电话
SCR	Secure Configuration Register 安全配置登记
SE-Linux	Security Enhanced Linux 安全增强式 Linux
QRCode	Quick Response Code 二维码

3 通用无线连接技术

平时生活中接触得比较多的无线电连接技术有如用途广泛的移动电话、Wi-Fi和收音广播等,在把通信的距离缩小到半径 200 米左右以及通信支持上下行技术,我们就能看到下面这些已有的技术。

● **蓝牙无线技术**

当初设计该技术就是为了代替两台手机或电脑它们之间传送数据时使用线缆,现在它们之间的理论通信距离在半径 10 米左右,目前在蓝牙耳机、音响以及在车载电子上应用广泛。

● **Wi-Fi 技术**

在一个相对比较固定的环境下使用该技术对于室内布线的复杂度能大大减低,例如宾馆、家庭、办公室等。该技术设计初衷也是为了能更好地优化局域网络(LAN),在一个相对干净的自由场里通信距离能到达半径 100 米或更远。

● **ZigBee 无线技术**

主要应用于组网规模相对大一些的工业自动化领域。该技术的通信范围也是可以做到在半径 100 米范围内,目前在餐馆使用的手持订单终端应用广泛。

● **红外无线技术(IrDA)**

是一个短程小于 1 米的通过光进行的交换数据的技术。红外线接口经常用于电脑、手机和数码产品之间。

● **无线射频识别(RFID)**

此技术本身的定义的概率比较宽泛,有高低频之分,有有源和无源通信之分。大概的工作原理为通过读头可以发起对外部的无线识别标签进行远程存储和检索数据。

● **非接触技术**

一般大家说的该技术都是约定俗成的 ISO 14443 和日本的 FeliCa 技术。该技术其实也是属于 RFID 中的一种,主机读头为有源工作,而卡片则是无源的。在工作时读头发起射频场强并且附加通信数据给卡片,卡片在收到无线射频场强时会把这

9

个能量转换成工作电压供自己启动和工作,并且能快速响应和处理发送过来的数据信息。

表 3.1 详细列出了 NFC 与其他短距离通信协议的比较。

表 3.1　NFC 与其他短距离通信协议的比较

	NFC	Bluetooth	Bluetooth Low Energy	RFID	IrDA
无线射频兼容	ISO 18000-3	active	active	ISO 18000-3	active
参考标准	ISO/IEC ECMA ETSI NFC Forum	Bluetooth SIG	Bluetooth SIG	ISO/IEC	ISO
网络协议	ISO 13157 etc.	IEEE 802.15.1	IEEE 802.15.1	ISO 13157 etc.	
网络类型	P2P	WPAN	WPAN	P2P	P2P
密码术	Not with RFID	available	available		
通信距离	~10 cm	~10 m (class 2)	~100 m	~10cm	~1m
通信频率	13.56 MHz	2.4-2.5 GHz	2.4-2.5 GHz	13.56 MHz	3.8MHz
通信速率	424 kbit/s	2.1 Mbit/s	~1.0 Mbit/s	424 kbit/s	115200kbit/s (SIR)
准备时间	<0.1 s	<6 s	<0.006 s	<0.1 s	<0.5 s
功耗	<15mA(read)	Varies with class	<15 mA (transmit or receive)	~250 mA	~300 mA
易用性	Human centric easy,intuitive,fast	Data centric Medium	Data centric Medium	Item centric Easy	Data centric Easy
交互性	High,given,security	Who are you?	Who are you?	Partly given	Line of sight
应用场景	Pay,get access, share,initiate, service,easy set up	Network for data exchange, headset	Network for data exchange,headset	Item tracking	Control & exchange data
用户体验	Touch,wave, simply connect	Configuration needed	Configuration needed	Get info	Easy

4 NFC 与 QR 条码的比较

目前在市面上比较主流的两种移动支付的模式为 NFC 和 QR 条码,前者需要在支付装置里加入 NFC 的硬件和移植相关代码,后者则由软件生成即可。

这里涉及几个大的比较,如生产成本、周期和安全机制。NFC 的方案需要在硬件设计之初就需要把 NFC 的硬件设计加入,目前能看到的例如把 NFC 加入一款智能手机中,从设计、开发、认证到投入到市场,这个周期至少需要大于半年期;QR 条码技术则不需要这个环节,一旦调试成功服务后台往用户推送更新一下程序就可以了。关于安全机制方面其实是两种技术走的是两个完全不同方向,NFC 主要从硬件到软件关注每一帧交易数据协议等,QR 条码技术则把更多的安全放在系统后台,由定义好的交易逻辑规则等来确保安全性。

在易用性方面 NFC 相当于在设备中拥有的为系统权限,属于系统级的应用,所以在 NFC 开启后可以做到时刻等待响应,一旦靠近支付设备就立即可以进行交易,条码则需要用户开启相关应用后,产生一个支付 QR 条码用于支付,如果用户的设备如手机处于锁屏状态,则还有一个环节是要点亮屏幕和解锁。最近看到支付宝和华为的 P9 合作,是在指纹解锁环节做一些优化,例如录入某一个指纹并设置它的快捷方式直接产生 QR 条码。但是不管如何在易用性方面目前 NFC 技术还是较 QR 条码有优势。

至于两种技术在对于线下设备的兼容性方面,NFC 底层通信采用的射频耦合技术,所以对于支付双方的设备来讲其实都有一个需要相互调试匹配参数的过程。一旦有一方射频特性误差大一点,就会存在支付体验不理想的问题,这个问题其实也是当前一个最主要的 NFC 技术推广所遇到的瓶颈。QR 条码关于产生二维码和解析二维码则主要是一个软件算法,能关联到硬件的就是处理器和码枪的摄像头。现有的处理器和摄像头对计算和处理这个级别的数据量完全够用,而且也是十分精准。所以在兼容性方面 QR 条码优势明显。

表 4.1 列出了 NFC 和 QR 条码相关参数比较。

表 4.1　NFC 和 QR 条码相关参数比较

	QR 码	NFC
生产成本和周期	√	
数据交换速率		√
数据加密性		√
扩展性		√
生产流程	√	
用户体验		√
市场渗透率	√	√
兼容性	√	
防外界干扰性(光线,振动等)		√

5　NFC 的三种工作模式

NFC 支持三种工作模式有卡模拟、读/写模式和点对点模式。卡模拟模式顾名思义为 NFC 设备此刻模拟成一张卡片，用于支付交易；读/写模式相对于 NFC 设备在这种工作模式下会主动发出能量场，读取外部卡片和标签的信息；点对点模式主要用于两个通过了 NFC 论坛认证的设备之间进行单点通信。

标准 ISO/IEC 21481 定义了 NFC 设备如何仲裁和响应外部各种射频协议。通过图 5.1 其实可以看出来对应的射频层协议比 NFC 论坛定义要多出一个 ISO/IEC 15693 协议，该协议理论上的通信距离比 ISO/IEC 14443 要远一些，能达 1～1.5 米。

5.1　读/写模式

目前指的读/写模式主要包括为 NFC 论坛定义的标签 1、2、3、4，再加上 ISO/IEC 21481 所增加定义的 ISO/IEC 15693。有一种声音说 NFC 论坛会加入标签 5、6 的规范定义，其中一个定义就是给 ISO/IEC 15693 的，但是到编写此书为止并没有看到正式的官方信息。

NFC 论坛定义的不同类型的标签都是基于非接触式技术标准，里面有许多标准是先从企业创新出来的，而且此刻已经有相关产品推广到了市面上，接下来推广相关的标准到行业或国际化的组织。所以最终到市面上产品也会有一些差异，特别是一些名称定义之类的确实让人会很困惑，同样的东西可能会有几种名称，里面的一个原因就是因为同样的一个东西被不同的标准穿插定义了。

在 NFC 论坛成立之前，其实市面上已经有了许多非接触卡片和标签存在，特别是一些主要的非接触产品在市面上已经有了大量的应用，所以 NFC 论坛在定义标签时也主要是把已有主流的卡片和标签囊括在内，对标准做了细微的定义和修改。四类标签分别对应的市面上的专利产品如下：

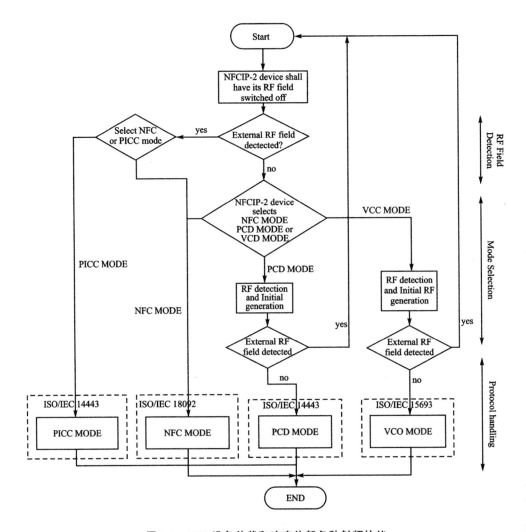

图 5.1　NFC 设备仲裁和响应外部各种射频协议

> NFC 论坛标签类型 1：Topaz。

> NFC 论坛标签类型 2：MIFARE Ultralight。

> NFC 论坛标签类型 3：Felica。

> NFC 论坛标签类型 4：MIFARE Desfire。

图 5.2 分别从包括射频、物理、逻辑、数据链路、防撞等角度,剖析不同的名称和定义。

理论上对于主机端和 SE 安全单元都是可以通过 NFC 控制器前端芯片进行读取外部的标签或卡片的。

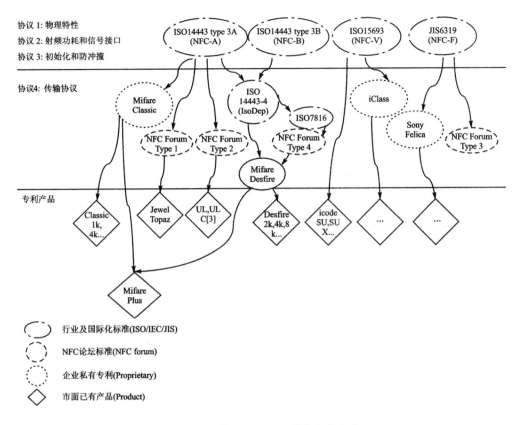

图 5.2　多角度剖析不同的名称和定义

通过主机端读/写外部的卡片或标签模式,工作示例如图 5.3 所示。

通过 SE 的应用程序去读写外部的卡片或标签模式,工作示例如图 5.4 所示。

5.2　卡模拟模式

模拟卡片的功能需要一个安全载体。安全载体就是我们平时所说的 SE 安全单元的概念,目前对这种安全载体运行环境有一个更为宽泛的概念,有硬件载体如内嵌安全单元、SIM、SD 卡等,也有用软件代替传统的硬件执行环境,例如 Android 4.4 之后引入的 HCE 机制。也就说其实对于 NFC 要实现卡模拟功能来讲抛开最终物理封装形式,都是需要一个 NFC 控制器前端芯片外加一个 SE 安全单元才可以实现的。

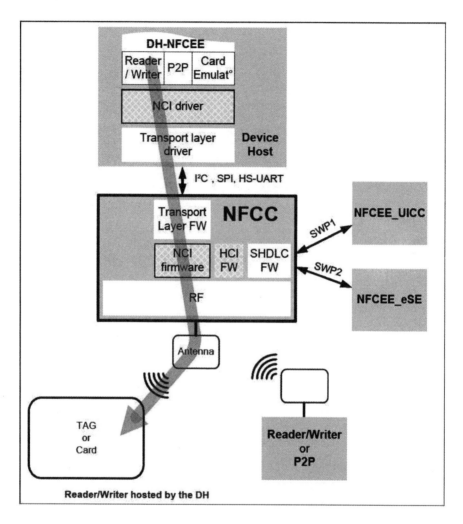

图 5.3　通过主机端读/写外部的卡片或标签模式示例

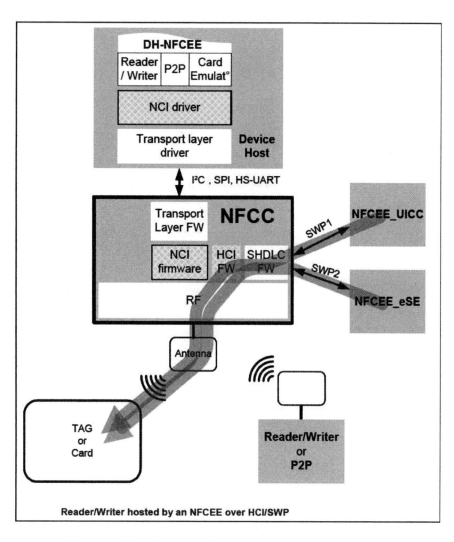

图 5.4 通过 SE 的应用程序去读/写外部的卡片或标签模式示例

对于最终能模拟一张什么类型的卡片是由 SE 安全单元支持的情况来决定,在实际环境下与外部读头进行非接触交易时,主要的工作过程发生在外部读头、NFC 控制器前端芯片和 SE 安全芯片之间,其中 NFC 控制器前端芯片在这个交易流程中主要起的作用为路由和 APDU 指令传送。

主机端模拟成卡模拟模式,工作示例如图 5.5 所示。

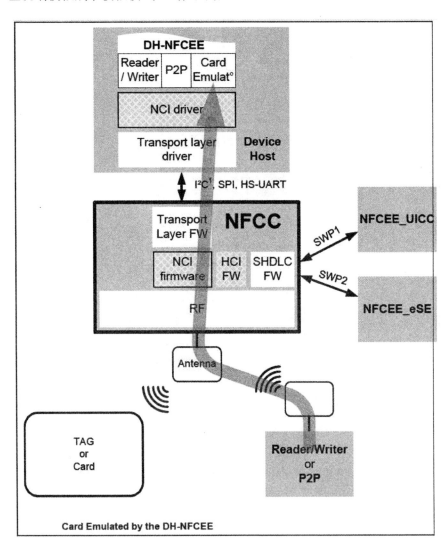

图 5.5　主机端模拟成卡模拟模式示例

通过 SWP 模拟成卡模拟模式,工作示例如图 5.6 所示。

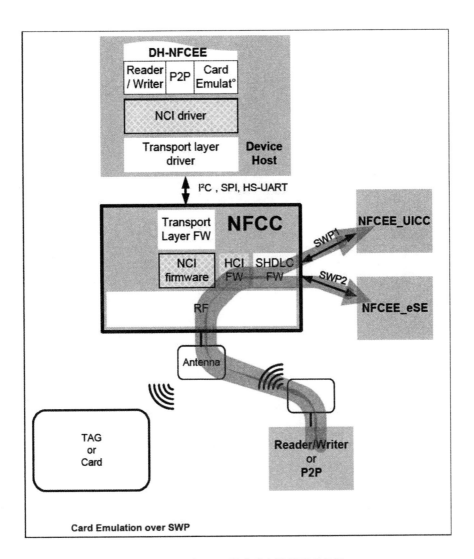

图 5.6 通过 SWP 模式成卡模拟模式示例

5.3 点对点模式

两个宣称已经通过 NFC 论坛认证过的设备,它们之间是可以在 NFC 天线区域进行触碰完成对 Wi-Fi 或者蓝牙的配对工作,之后交换的图片、视频和文件等实际的、大的数据会默认在系统后台通过 Wi-Fi 或者蓝牙进行实际传送。网络上有一些开源代码示例如何使用 NFC API 去配对 Wi-Fi、蓝牙和 hotsport 等。

对于两个设备之间其实还是会有一个比较小数据相互传送的需求,例如希望能够在两个设备之间在一旦触碰它们之间的信息就通过 NFC 传送完成,所以 NFC 论坛也定义了两个相关的数据链路层的协议,如下面要讲到的 LLCP 和 SNEP。

LLCP:该协议的设计是为了能更好地支持一些网络协议如 TCP/IP 和 OBEX。这种方式对于已有的大量基于 IEEE 802/OSI 模型编程设计的应用,再移植到基于 NFC 这个新的物理传送通路时,之前的一些上层设计就可以不用做太大的修改保持沿用即可。图 5.7 是一个 IEEE 802/OSI/LLCP 的它们之间框架的对应参考。

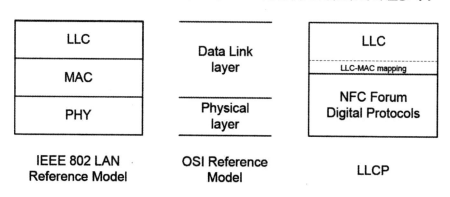

图 5.7　IEEE 802/OSI/LLCP 框架

SNEP:该协议专门为 P2P 时传送一些小数据包而设计。在两个 NFC 设备之间进行 P2P 时,数据包在原有的 NFC 论坛定义的标签存储信息格式 NDEF 上再简单封装了一层,比如可应用在 NFC 快速传送一个电子名片、词条和网址等。图 5.8 是一个 P2P 的工作示意图。

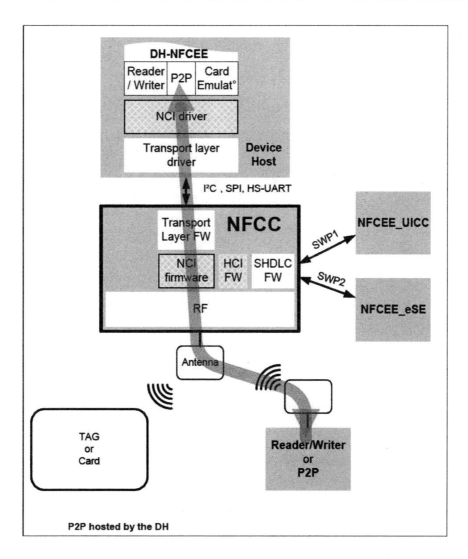

图 5.8 P2P 的工作示意图

6 NFC 协议族

目前有四个标准化组织定义和规范了 NFC 的相关协议,有 ISO/IEC、ETSI、ECMA 和 NFC 论坛。它们所定义标准的方向和侧重点有所不同,但又有许多地方有交叉。如 ECMA-340 和 ISO/IEC 18092 其实是差不多的,也有一些测试标准和相关的认证的侧重点不太一样,可能有人会问下面为什么没有介绍 EMVco/PBOC 等标准的内容,是因为关于 SE 安全单元支持卡模拟的部分是一个已经成熟的标准,和现有标准的非接触卡片交易支付流程是一样的,所以在定义的 NFC 相关标准上并没有重写这部分的规范和标准。这里就一一把 NFC 相关的标准组织和它们协议之间的包含关系介绍如下。

> ISO

国际标准化组织

International Organization for Standardization http：//www.iso.org/iso/home.html

> IEC

国际电工委员会

International Electrotechnical Commission http：//www.iec.ch/

> ETSI TS

欧洲电信标准化组织/技术规范

European Telecommunications Standards Institute

Technical Specification http：//www.etsi.org/WebSite/homepage.aspx

> Ecma

欧洲计算机制造商协会

European Computer Manufacturers Association

TC47：http：//www.ecma-international.org/memento/TC47-M.htm

> NFC Forum

NFC 论坛委员会和工作组

Committees andworking groups：http：//www. nfc-forum. org/aboutus/
committees/

Specificationslist：http：//www.nfc-forum.org/specs/spec_dashboard/

6.1　NFC 协议族定义归属关系

例如 ECMA-352(NFCIP-2)协议定义的范围与 ISO/IEC 21481 定义范围基本上
是一致的,只是两个不同组织的两种描述而已,其中框里框外的表述就是它们之间
的归属范围。图 6.1 为 NFC 协议族定义归属关系。

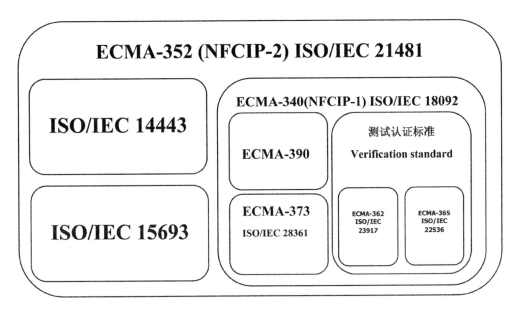

图 6.1　NFC 协议族定义归属关系

6.2　ECMA TC47 协议预览

➢ ECMA-390

NFC 控制器射频前端标准 Description of NFC-FEC（Front-end Configura-
tion）

➢ ECMA-373 ISO/IEC 28361

SE 双线接触接口标准 Description of NFC-WI（Wired Interface to Secure Element）

➢ ECMA-340（NFCIP-1）ISO/IEC 18092

点对点传输的非接触接口协议 Contactless Interface & Protocol

➢ ECMA-362 ISO/IEC 23917

协议测试方法 Protocol Test Methods

➢ ECMA-356 ISO/IEC 22536

射频接口测试方法 RF I/F Test Methods

➢ ECMA-352（NFCIP-2）ISO/IEC 21481

NFC 全模式工作标准 Included ECMA-340（NFCIP-1）ISO/IEC 14443 and ISO/IEC 15693

6.3　ISO/IEC 协议预览

➢ ISO/IEC 14443-1：2008

近耦合卡片-- 第一部分：物理特性

Proximity cards -- Part 1：Physical characteristics

➢ ISO/IEC 14443-2：2010

近耦合卡片-- 第二部分：物理特性射频功率和信号接口

Proximity cards -- Part 2：Radio frequency power and signal interface

➢ ISO/IEC 14443-3：2011

近耦合卡片-- 第三部分：初始化和防冲撞

Proximity cards -- Part 3：Initialization and anti-collision

➢ ISO/IEC 14443-4：2008

近耦合卡片-- 第四部分：传输协议

Proximity cards -- Part 4：Transmission protocol

ISO/IEC 15693

➢ ISO/IEC 15693-1：2010

疏耦合卡片-- 第一部分：物理特性

Vicinity cards -- Part 1：Physical characteristics

➢ ISO/IEC 15693-2：2006

疏耦合卡片-- 第二部分：射频接口和初始化

Vicinity cards -- Part 2：Air interface and initialization

➢ ISO/IEC 15693-3：2009

疏耦合卡片-- 第三部分：防冲撞和传输协议

Vicinity cards -- Part 3：Anti-collision and transmission protocol

6.4　NFC-forum 协议预览

➢ NFC Data Exchange Format（NDEF）Technical Specification

数据传送规范 Data Exchange Format Technical Specification

➢ NFC Forum Type 1 Tag Operation Specification

➢ NFC Forum Type 2 Tag Operation Specification

➢ NFC Forum Type 3 Tag Operation Specification

➢ NFC Forum Type 4 Tag Operation Specification 2.0

➢ NFCForum-TS-Type-5-Tag-1.0

NFC 论坛定义的各种标签的规范 NFC Forum Tag Type Technical Specifications。

➢ NFC Record Type Definition（RTD）Technical Specification

➢ NFC Text Record Type Definition（RTD）Technical Specification

➢ NFC URI Record Type Definition（RTD）Technical Specification

➢ NFC Smart Poster Record Type Definition（RTD）Technical Specification

➢ NFC Generic Control Record Type Definition（RTD）Technical Specification

➢ NFC Signature Record Type Definition（RTD）Technical Specification

数据类型的技术规范 Record Type Definition Technical Specifications

➢ NFC Forum Connection Handover 1.2 Technical Specification

参考应用技术规范 Reference Application Technical Specifications

➢ NFC Logical Link Control Protocol（LLCP）Technical Specification

➢ NFC Digital Protocol Technical Specification

➢ NFC Activity Technical Specification

协议技术规范 Protocol Technical Specifications

6.5　ETSI 协议预览

➤ ETSI TS 102 613 V10.2.0

SWP 标准 ETSI LLC specification

➤ ETSI TS 102 622 V10.2.0

HCI 标准 ETSI HCI specification

7　NFC 系统框架

各种 NFC 协议体系庞大而且还有一些交叉重叠部分,从应用、中间件、底层驱动再到硬件接口由各种规范协议定义,所以这里分别从 NFC 的三种工作模式进行分解,然后在后面的章节里把重要的协议分别展开出来讲。

从上往下分别是以读/写、卡模拟和点对点模式应用程序会涉及的相关协议,也就是说 NFC 技术是基于图 7.1 所示的一些技术标准来实现的。

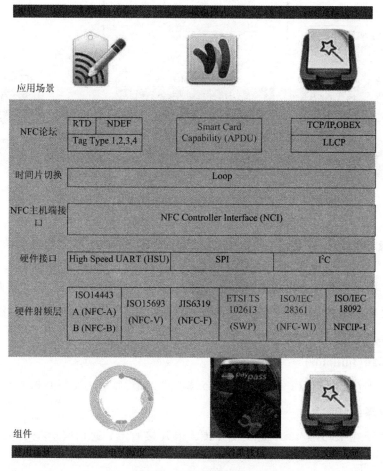

图 7.1　NFC 系统框架

把图 7.1 中的 NFC 论坛定义的 NCI 等相关标准再剖析开看,如图 7.2 所示,左侧里面定义了读/写模式从上开始的 NDEF 访问的接口,以及直接读/写标签操作的接口,还包括定义的 Tag1～4 的物理内存访问方式等,再到调用到的底层 RF 标准工作在主动 Poll 模式下;中间部分定义了 P2P(点对点)模式所用的各个方面的协议,从 LLCP 到 NFC-DEP 再到底层可以看到,P2P 可能分成两种 RF 工作模式,主动 Poll 模式和被动 Listen 模式;而在最右边看到的 CE 卡模拟模式则没有过多的定义,大部分的标准还是复用了 ISO7816 和 GP 的 APDU 定义,在 RF 底层保留了被动 Listen 模式给 CE 卡模拟模式。

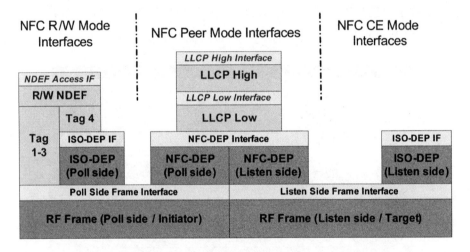

图 7.2　NFC 的三种工作模式

Initiator/Target 和 Active/Passive 模式

P2P 模式里经常会出现 Initiator 与 Target 以及 Active 与 Passive 这两对概念,因为只是概念不涉及具体的技术标准,在接下来的具体技术篇幅中不会涉及这块,所以就在这里把两个概念介绍一下。

发起端(Initiator)

类似于在 ISO14443 中定义的 PCD 读头发送端,通信协议的发起者。

接收端(Target)

类似于在 ISO14443 中定义的 PICC 卡片接收端,通信时会把数据回复给发起端。

主动工作模式（Active）

相当于 P2P 的两个设备端在这种模式下工作时都会把有效数据调制在 13.56 MHz 的场上，并且两个设备都会主动发起 RF 射频能量场进行通信。图 7.3 为工作示意图。

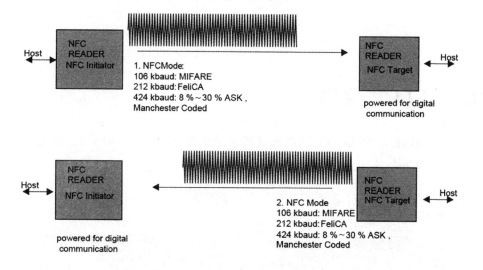

图 7.3　主动工作模式示意图

被动工作模式（Passive）

P2P 设备在这种情况工作时，相当于一个是 PCD 读、头，发送数据和射频工作场；而另外一个相当于一张 PICC 的卡片，只回复数据本身并不会发送能量场。图 7. 4 为工作示意图。

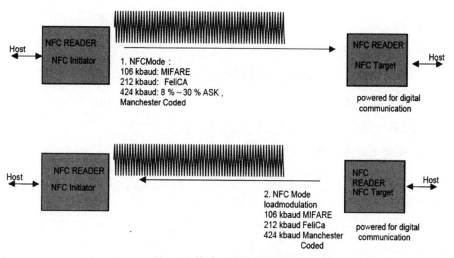

图 7.4　被动工作模式示意图

8 LLCP 协议详解

8.1 LLCP 架构

逻辑链路控制协议(LLCP)规范提供了两个 NFC 设备之间的信息单元的交换原理,图 8.1 为两个 NFC 设备之间的通信建立和交互过程。

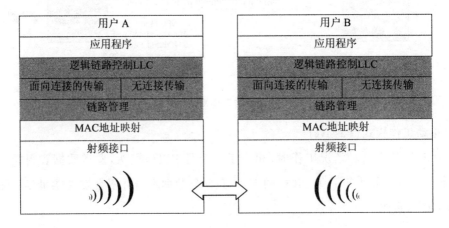

图 8.1 两个 NFC 设备之间的通信建立和交互过程

➢ 面向连接的传输
- 数据交换中用于处理数据排序和数据流控制
- 需要建立和终止

➢ 无连接传输
- 处理无应答数据的交互
- 不需要准备步骤和发送服务数据域 SDU（Service Data Unit）

➢ 链接管理
- 协议数据交互 PDU（Protocol Date Unit）
- 异步平衡

- 监控对称状态
- MAC 地址映射
  - LLCP 定义了三个字节序"0x46 0x66 0x6d"来做地址映射
- 射频接口

表 8.1 为 DRi 和 DSi 解释。

表 8.1 DRi 和 DSi

DRi 和 DSi*	D 因子	方　式	速　率
000	1	主从模式	106 kbps
001	2	主从模式	212 kbps
010	4	主从模式	424 kbps
011	8	主动模式	847 kbps
100	16	主动模式	1 695 kbps
101	32	主动模式	3 390 kbps
110	64	主动模式	6 780 kbps
111	RFU	RFU	RFU

* DRi 发起者决定接收速率(Data rate Received by initiator),DSi 发起者决定发送速率(Data rate Send by initiator),在 ATR_REQ 或者 PSL_REQ 中设定。

8.2　LLCP 工作流程

图 8.2 为主动和被动的初始化激活过程。

8.3　LLCP 链路激活

这里把上一章节中的属性请求 ATR_REQ(Attribute Request)和属性请求应答 ATR_RES(Response)的数据格式做一下格式分析。

1. 属性请求 ATR_REQ(Attribute Request)(见图 8.3)

2. 属性请求应答 ATR_RES(Response)(见图 8.4)

- 属性请求和属性应答命令(ATR_REQ,ATR_RES)
- 数据交换协议请求和数据交换协议的应答命令(DEP_REQ,DEP_RES)

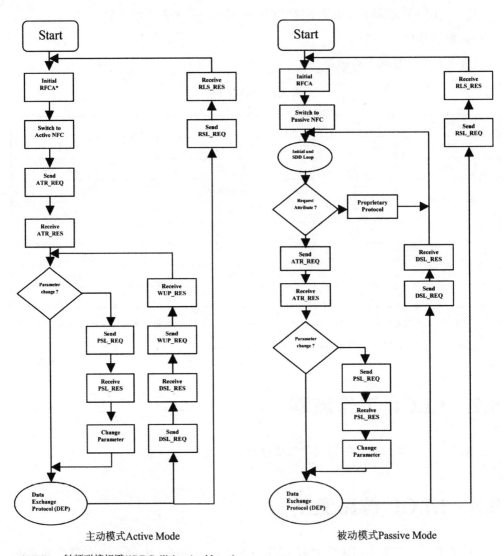

主动模式Active Mode   被动模式Passive Mode

*RFCA：射频碰撞规避(*RF Collision Avoidance)

图 8.2   主动和被动的初始化激活过程

		ISO/IEC 18092定义数据域					—LLCP 定义数据域—		
0	1	2 3 4 5 6 7 8 9 10 11	12	13	14	15	16 17 18	...n	
ommand Bytes		Random ID for transport protocol activation initiator	Initiator Device ID	Sending bit duration supported by Initiator	Receiving bit duration supported by Initiator	Protocol Parameters used by Initiator	MAC	Type Length Value Parameter	
MD0	CMD1	NFCID3i	DIDi	BSi	BRi	PPi	LLCP Magic Number	TLVs	
D4h	00h	xxh	00h	xxh	xxh	32h	46h 66h 6Dh	xxh	

图 8.3 属性请求 ATR_REQ

		ISO/IEC 18092定义数据域						—LLCP定义数据域—	
0	1	2 3 4 5 6 7 8 9 10 11	12	13	14	15	16	16 17 18	...n
ommand Bytes		Random ID for transport protocol activation target	Target Device ID	Sending bit duration supported by Target	Receiving bit duration supported by Target	Timeout value	Protocol Parameters used by Target	MAC	Type Length Value Parameter
MD0	CMD1	NFCID3t	DIDt	BSt	BRt	TO	PPt	LLCP Magic Number	TLVs
D4h	00h	xxh	00h	xxh	xxh	0xh	32h	46 66 6D	xxh

图 8.4 属性请求应答 ATR_RES

➢ 请求去选和请求去选应答命令（DSL_REQ,DSL_RES）

➢ 参数选择请求和参数选择应答命令（PSL_REQ,PSL_RES）

➢ 选择应答命令（SEL_REQ,SEL_CMD,SEL_PAR）

➢ 唤醒请求和唤醒请求应答命令（WUP_REQ,WUP_RES）

➢ 释放请求和释放请求应答命令（RLS_REQ,RLS_RES）

➢ 检测请求和检测请求应答命令（SENS_REQ,SENS_RES）

➢ 单一设备检测请求命令（SDD_REQ）

➢ 休眠请求命令（SLP_REQ）

表 8.2 为各命令的含义。

表 8.2 各命令含义

助记符	命令定义		命令含义
	CMD0	CMD1	
ATR_REQ	D4	00	属性请求 Attribute Request (sent by Initiator)
ATR_RES	D5	01	属性应答 Attribute Response (sent by Target)
WUP_REQ	D4	02	唤醒请求 Wakeup Request (sent by Initiator in Active mode only)

助记符	命令定义		命令含义
	CMD0	CMD1	
WUP_RES	D5	03	唤醒请求应答 Wakeup Response (sent by Target in Active mode only)
PSL_REQ	D4	04	参数选择请求 Parameter selection Request (sent by Initiator)
PSL_RES	D5	05	参数选择应答 Parameter selection Response (sent by Target)
DEP_REQ	D4	06	数据交换协议请求 Data Exchange Protocol Request (sent by Initiator)
DEP_RES	D5	07	数据交换协议请求应答 Data Exchange Protocol Response (sent by Target)
DSL_REQ	D4	08	请求去选 Deselect Request (sent by Initiator)
DSL_RES	D5	09	请求去选应答 Deselect Response (sent by Target)
RLS_REQ	D4	0A	释放请求 Release Request (sent by Initiator)
RLS_RES	D5	0B	释放请求应答 Release Response (sent by Target)

8.4　LLC 数据链路层格式

下面为 LLCP（LLC data exchange protocol）数据链路层上的速查一览表。

---------------------- LLCP Header ----------------------				-------------- LLCP Payload -------------
DSAP	PTYPE	SSAP	Sequence	Information
6 bits	4 bits	6 bits	0 or 8 bits	M x 8 bits
7 6 5 4 3 2 1 0	7 6 5 4 3 2 1 0	7 6 5 4 3 2 1 0	7 6 5 4 3 2 1 0	··· 7 6 5 4 3 2 1 0
byte offset 0	byte offset 1		byte offset 2	byte offset 2 or 3 --- depends on PTYPE

DSAP　　　　＝Destination service access point address field

SSAP　　　　＝Source service access point address field

PTYPE　　　＝Payload data unit (PDU) type field

Sequence　　＝Sequence field (8 bits for formats that include sequence number, and 0 bits for formats that do not)

Information　＝Information field (M is an integer value between and including 0 and the maximum information unit MIU defined in this specification; x denotes multiplication)

DSAP/SSAP	Description
0x00~0x0F	Identifies the Well-know service access points
0x10~0x1F	Identifies services in the local service environment and are advertised by local SDP
0x20~0x3F	Identifies services in the local service environment and are NOT advertised by local SDP

PTYPE	PDU Type	Link Service Class
0000	SYMM	1,2,3
0001	PAX	1,2,3
0010	AGF	1,2,3
0011	UI	1,3
0100	CONNECT	2,3
0101	DISC	1,2,3
0110	CC	2,3
0111	DM	1,2,3
1000	FRMR	2,3
1001	reserved	------
1010	reserved	------
1011	reserved	------
1100	I	2,3
1101	RR	2,3
1110	RNR	2,3
1111	reserved	------

35

Format of The Symmetry (SYMM) PDU		
DSAP	PTYPE	SSAP
000000	0000	000000
7 6 5 4 3 2 1 0	7 6 5	4 3 2 1 0
byte offset 0		byte offset 1

Format of The Parameter Exchange (PAX) PDU			
DSAP	PTYPE	SSAP	Information
000000	0001	000000	Parameter List
7 6 5 4 3 2 1 0	7 6 5 4 3 2 1 0	7 6 5 4 3 2 1 0	······ 7 6 5 4 3 2 1 0
byte offset 0	byte offset 1	byte offset 2	······ byte offset n−1

Format of The Aggregated Frame (AGF) PDU			
DSAP	PTYPE	SSAP	Information
000000	0010	000000	Sequence of LLC PDUs
7 6 5 4 3 2 1 0	7 6 5 4 3 2 1 0	7 6 5 4 3 2 1 0	······ 7 6 5 4 3 2 1 0
byte offset 0	byte offset 1	byte offset 2	······ byte offset n−1

Sequence of LLC PDUs			
Length L	LLC PDU (least two PDUs)		
15······0	7···0	······	7···0
byte 0······byte 1	byte 2	······	byteL+1

Format of the Unnumbered Information (UI) PDU			
DSAP	PTYPE	SSAP	Information
DDDDDD	0011	SSSSSS	Service Data Unit
7 6 5 4 3 2 1 0	7 6 5 4 3 2 1 0	7 6 5 4 3 2 1 0	······ 7 6 5 4 3 2 1 0
byte offset 0	byte offset 1	byte offset 2	······ byte offset n−1

Format of the Connect (CONNECT) PDU			
DSAP	PTYPE	SSAP	Information
DDDDDD	0100	SSSSSS	Parameter List
7 6 5 4 3 2 1 0	7 6 5 4 3 2 1 0	7 6 5 4 3 2 1 0	······ 7 6 5 4 3 2 1 0
byte offset 0	byte offset 1	byte offset 2	······ byte offset n−1

Format of The Disconnect (DISC) PDU

DSAP						PTYPE		SSAP					
DDDDD						0101		SSSSSS					
7	6	5	4	3	2	1	0	7	6	5	4	3	2	1	0
byte offset 0								byte offset 1					

Format of the Connection Complete (CC) PDU

DSAP	PTYPE	SSAP	Information
DDDDD	0110	SSSSSS	Parameter List
7 6 5 4 3 2 1 0	7 6 5 4 3 2 1 0	7 6 5 4 3 2 1 0	…… 7 6 5 4 3 2 1 0
byte offset 0	byte offset 1	byte offset 2	…… byte offset n-1

Format of The Receive Ready (RR) PDU

DSAP	PTYPE	SSAP	Sequence	
DDDDD	1101	SSSSSS	0000	N(R)
7 6 5 4 3 2 1 0	7 6 5 4 3 2 1 0	7 6 5 4 3 2 1 0		
yte offset 0	byte offset 1		byte offset 2	

Format of The Receive Not Ready (RNR) PDU

DSAP	PTYPE	SSAP	Sequence	
DDDDD	1101	SSSSSS	0000	N(R)
7 6 5 4 3 2 1 0	7 6 5 4 3 2 1 0	7 6 5 4 3 2 1 0		
yte offset 0	byte offset 1		byte offset 2	

Well-know Service List (WKS)

Type	Length	Value
0x03	0x02	xxxxxxxxxxxxxx1b
7……0	7……0	0xF……0
byte 0	byte 1	byte 2

Link Timeout (LTO)

Type	Length	Value	
0x04	0x01	LTO	
7……0	7……0	7……4	3……0
byte 0	byte 1	byte 2	

Version (VERSION) * PAX MUST included VER.

Type	Length	Value	
0x01	0x01	Major	Minor
7……0	7……0	7……4	3……0
byte 0	byte 1	byte 2	

Receive Window Size (RW)

Type	Length	Value	
0x01	0x01	0000	RW
7……0	7……0	7……4	3……0
byte 0	byte 1	byte 2	

Service Name (SN)		
Type	Length	Value
0x06	n	Service Name URI("urn: nfc: sn: <servicename>")
7……0	7……0	7 …… 0	……
byte 0	byte 1	byte 2~n

Option (OPT)								
Type	Length	Options						LSC
0x07	0x01	0	0	0	0	0	0	b1	b0
7……0	7……0	7……0						
byte 0	byte 1	byte 2						

Format of The Disconnected Mode (DM) PDU																							
DSAP						PTYPE			SSAP							Information							
DDDDDD						0101			SSSSSS							Reason							
7	6	5	4	3	2	1	0	7	6	5	4	3	2	1	0	7	6	5	4	3	2	1	0
byte offset 0								byte offset 1								byte offset 2							

LSC	LSC b1	LSC b0	Definition
Unknown	0	0	Link Service class is unknown at time of link activation
Class 1	0	1	Connectionless link service only
Class 2	1	0	Connection—oriented link service only
Class 3	1	1	Both connectionless and connection—oriented link service

Disconnected Mode Reasons	
ReasonDescription	
0x00	SHALL indicate that the LLC has received a DISC PDU and is now logically disconnected from the data link connection.
0x01	SHALL indicate that the LLC has received a connection—oriented PDU but the target service access point has no active connection.
0x02	SHALL indicate that the remote LLC has received a CONNECT PDU and there is no service bound to the specified target service access point.
0x03	SHALL indicate that the remote LLC has processed a CONNECT PDU and the request to connect was rejected by the service layer.
0x10	SHALL indicate that the LLC will permanently not accept any CONNECT PDUs with the same target service access point address.
0x11	SHALL indicate that the LLC will permanently not accept any CONNECT PDUs with any target service access point address.
0x20	SHALL indicate that the LLC will temporarily not accept any CONNECT PDUs with the specified target service access point address.
0x21	SHALL indicate that the LLC will temporarily not accept any CONNECT PDUs with any target service access point address.
other	SHALL NOT be used by an LLC sending a DM PDU, and SHALL be interpreted as 00h by an LLC receiving a DM PDU.

Format of the Frame Reject (FRMR) PDU											
DSAP	PTYPE	SSAP	Information								
DDDDDD	1000	SSSSS	W	I	R	S	PTYPE	Sequence	V (S)	V (R)	V (SA)	V (RA)
7 6 5 4 3 2 1 0	7 6 5 4 3 2 1 0	7 6 5 4 3 2 1 0	7 6 5 4 3 2 1 0	7 6 5 4 3 2 1 0	7 6 5 4 3 2 1 0	7 6 5 4 3 2 1 0
byte offset 0	byte offset 1	byte offset 2	byte offset 3	byte offset 4	byte offset 5

Frame Reject Information Fields	
Field	Description
W	Well-formedness Error-set to "1" SHALL indicate that the rejected PDU was invalid or not well formed. Please refer to clause 5.5.4.5 for further information.
I	Information Field Error-set to "1" SHALL indicate that the rejected PDU contained an incorrect or unexpected information field. Please refer to clause 5.5.4.5 for further information.
R	Receive Sequence Error-set to "1" SHALL indicate that the rejected PDU contained an invalid N(R) in the sequence field.
S	Send Sequence Error-set to "1" SHALL indicate that the rejected PDU contained an invalid N(S) in the sequence field.
PTYPE	SHALL indicate the type of the rejected PDU, i.e. it SHALL have the same value as the PTYPE field of the rejected PDU.
Seq.	SHALL have the same value as the sequence field of the rejected PDU if the format of the rejected PDU is defined to contain sequence numbers. If the rejected PDU does not contain sequence numbers, i.e. the sequence field of the rejected PDU has a length of 0 bits; it SHALL be set to all bits zero.
V (S)	SHALL contain the current value of the send state variable for this data link connection at the rejecting LLC.
V (R)	SHALL contain the current value of the receive state variable value for this data link connection at the rejecting LLC.
V (SA)	SHALL contain the current value of the acknowledgement send state variable for this data link connection at the rejecting LLC.
V (RA)	SHALL contain the current value of the receive acknowledgement state variable value for this data link connection at the rejecting LLC.

Format of the Information（I）PDU							
DSAP	PTYPE	SSAP	Sequence		Information		
DDDDDD	1100	SSSSS	N（S）	N（R）	Service Data Unit		
7 6 5 4 3 2 1 0	7 6 5 4 3 2 1 0	7 6 5 4 3 2 1 0	7 6 5 4 3 2 1 0	7 6 5 4 3 2 1 0	···	7 6 5 4 3 2 1 0	
byte offset 0	byte offset 1		byte offset 2		byte offset 2 or 3---depends on PTYPE		

Maximum Information Unit Extension（MIUX）（ MIU ＝ MIUX ＋ 128)			
Type	Length	Value	
0x02	0x02	00000	MIUX
7······0	7······0	15······11	10······0
byte 0	byte 1	byte 2 ,3	

9 NDEF 协议详解

NFC 论坛定义的 NDEF（NFC Data Exchange Format）主要是定义了一种消息的封装格式，对于需要传输或存储的原始数据进行了一些封装处理。NDEF 数据格式主要应用于标签领域以及两个 NFC 设备之间。

NDEF 是一个轻量级的二进制消息格式，可用于封装一个或多个应用程序定义的任意类型和大小，并把有效数据封装构造成一个单一的消息格式。每一条有效的数据会包括数据类型、长度和标识符（可选）。数据类型可以包括统一资源标识符（URIs）、MIME（Multipurpose Internet Mail Extensions）媒体类型或者 NFC 论坛指定的类型。

9.1 NDEF 消息属性

> 一条标准的 NDEF 消息由一条或多条 NDEF 记录组成。如果是多于一条记录的 NDEF 消息，在第一条里一定包含消息起始标志 MB（Message Begin）及消息结束标志 ME（Message End）。

> 最小的 NDEF 消息只有一条记录，它们的消息起始标志 MB 和消息结束标志 ME 会在同一条 NDEF 记录里面。

> NDEF 消息并没有做最大限定，理论上是可以无限大的。

> NDEF 消息不允许里面的数据记录重叠。

> 实际上 NDEF 记录是不带索引号的，NDEF 的数据格式从左往右，如图 9.1 所示，就是说，数据起始在左，数据结束在右，消息起始标志 MB 在第一条 NDEF 记录中（index 1），消息结束标志 ME 在最后一条 NDEF 记录中（index t），逻辑记录顺序应为 $t > s > r > 1$。

NDEF消息						
R1 MB=1	...	Rr	...	Rs	...	Rt ME=1

图 9.1　NDEF 消息数据格式

9.2　NDEF 记录

NDEF 记录是一条 NDEF 消息的子单元，里面记录了有效的数据信息，当然也包含了消息头（消息起始标识、消息结束标识、是否有连续数据标识、短记录标识、是否需要标识长度、消息类型格式）、类型长度、标识等。

9.2.1　NDEF 记录的数据格式

图 9.2 为 NDEF 记录的数据格式。

消息记录NDEF Record(Rn)						
Byte1	MB	ME	CF	SR	IL	TNF
Byte2	类型长度 TYPE LENGTH					
Byte3	数据长度 PAYLOAD LENGTH/PAYLOAD LENGTH 3					
Byte4	数据长度PAYLOAD LENGTH 2					
Byte5	数据长度PAYLOAD LENGTH 1					
Byte6	数据长度PAYLOAD LENGTH 0					
Byte7	标识长度 ID LENGTH					
Byte8	类型 TYPE					
Byte9	标识 ID					
Byte10	数据体 PAYLOAD					

图 9.2　NDEF 记录的数据格式

9.2.2　NDEF 记录之间的关系

➢ 短记录标识(SR)关联到的数据域：

SR→PAYLOAD LENGTH0～3→PAYLOAD

➢ 标识长度(IL)关联到的数据域：

IL→ID LENGTH→ID

➢ 消息类型格式(TNF)：

TNF→TYPE LENGTH→TYPE

➢ 数据体(Payload) 关联到的数据体：

PAYLOAD LENGTH→PAYLOAD

9.2.3 解码记录格式

Bit 7	Bit 6	Bit 5	Bit 4	Bit 3	Bit 2	Bit 1	Bit 0
MB	ME	CF	SR	IL	TNF		

Bit 0～2：

消息类型格式 TNF（Type Name Format）

0x00：空 Empty

0x01：NFC 论坛定义的格式（NFC Forum well-known type）

0x02：RFC 2046 媒体格式（Media-type as defined in RFC 2046）

0x03：RFC 3986 统一资源标识符（Absolute URI as defined in RFC 3986）

0x04：非 NFC 论坛定义的类型（NFC Forum external type）

0x05：未知格式类型（Unknown）

0x06：消息格式与上一条保持一致（Unchanged）

0x07：保留（Reserved）

Bit 3：

标识长度标志位 IL（ID Length Flag）

0x0：代表标识以及标识长度会省略

（ID LENGTH and ID will be omitted）

0x1：标识以及标识长度会出现，且标识长度在 0～255 之间

（ID LENGTH and ID will be present，and the id length only for a byte）

Bit 4：

短记录标识 SR（Short Record）

0x0：代表数据体长度在 0～4 294 967 295（4G）之间

（PAYLOAD LENGTHwill occupy 4 bytes，i. e. pass the maximum 4GB

data）

0x1：代表数据体长度在 0～255 之间

（PAYLOAD LENGTHwill occupy 1 byte，i. e. pass the maximum 255B

data）

Bit 5：

连续数据标志 CF（Chunk Flag）

0x0：代表这是最后一帧数据,后面没有了连续的数据

（There is no chunk data or the last one）

0x1：表示这是第一帧数据或者中间帧的数据

（Initial record chunk and each middle record chunk）

Bit 6：

消息结束标志 ME（Message End）

0x0：未知标志（Other case）

0x1：消息结束标志（Message end）

Bit 7：

消息起始标志 MB（Message Begin）

0x0：未知标志（Other case）

0x1：消息开始标志（Message begin）

Bit 7	Bit 6	Bit 5	Bit 4	Bit 3	Bit 2	Bit 1	Bit 0
类型长度 TYPE LENGTH							

Bit 0~7：

类型长度 TYPE LENGTH（indicate TYPE field maximum up to a byte）

0x0：当消息类型格式等于 0x00~0x07 时,这个字节一定为 0x00

（Must be zero whenTNF as 0x00~0x07）

0xxx：代表类型的长度,长度在 0~255 之间

（indicate TYPE length,maximum up to a byte）

Bit 7	Bit 6	Bit 5	Bit 4	Bit 3	Bit 2	Bit 1	Bit 0
数据长度 PAYLOAD LENGTH/PAYLOAD LENGTH 3							
PAYLOAD LENGTH 2							
PAYLOAD LENGTH 1							
PAYLOAD LENGTH 0							

Bit 0~7：

数据体长度 PAYLOAD LENGTH：

（Indicate PAYLOAD maximum up to 2^8（0~255）when SR＝1）

当短记录标识 SR 等于 1 时,这个数据体长度会被固定在 0～255 之间

PAYLOAD LENGTH 0～3:

(Indicate PAYLOAD maximum up to 2^{32}(0～4294967295) when SR＝0)

当短记录标识 SR 等于 0 时,这个数据体长度会被固定在 0～4 294 967 295 之间

Bit 7	Bit 6	Bit 5	Bit 4	Bit 3	Bit 2	Bit 1	Bit 0
标识长度 ID LENGTH							

Bit 0～7:

标识长度(0～255) ID LENGTH(Indicate ID field maximum up to a byte)

0xx:只有当标识长度标志位 IL 为 1 时,这个数据才会有意义。

None:当标识长度标志位 IL 为 0 时,这个数据不会存在。

Bit 7	Bit 6	Bit 5	Bit 4	Bit 3	Bit 2	Bit 1	Bit 0
类型 TYPE							

Bit 0～7:

类型(全球唯一标识) TYPE (Globally unique)

Bit 7	Bit 6	Bit 5	Bit 4	Bit 3	Bit 2	Bit 1	Bit 0
标识 ID							

Bit 0～7:

标识(这个标识只会在第一帧数据里出现,中间以及结束帧不能有这个)

ID(Middle and terminating chunks must not this field,all other records may have)

Bit 7	Bit 6	Bit 5	Bit 4	Bit 3	Bit 2	Bit 1	Bit 0
数据体 PAYLOAD							

Bit 0～7:

数据体(用户数据) PAYLOAD (User data)

10 HCI 协议详解

ETSI TS 102 622 规范主要定义了 NFC 的 HCI 标准。该标准曾应用在 2010 年底的第一代商用 NFC 射频控制器前端芯片与主机端之间的通信。由于当初 NFC 论坛还没有定义出来 NFC 射频控制器前端芯片与主机端的 NCI 标准,所以那一代的 NFC 芯片只是在原 HCI 的数据包做了一些扩展,以及在数据格式上增加了数据长度头和使用了类似 SWP 定义的结尾 CRC 校验。这也是在 Google 的 AOSP 服务器上依然能看到 external 文件夹下面有一个叫 libnfc-nxp 的文件夹,就是为了适配之前市面上原有的一些以 HCI 为标准的接口控制器设备,第二代以后的 NFC 射频控制器前端芯片都采用了 NFC 论坛定义了 NCI 统一标准接口。

所以在下面的篇幅里也会有相应的第一代商用 NFC 射频控制器前端芯片与主机端之间的 NCI 通信扩展方面的介绍,但目前 HCI 主要应用方向还是在 SE 安全芯片与非接触射频前端链接方面,这里的 SE 安全芯片的封装载体包括内嵌式和 SWP-SIM 等。

下面是 HCI 的一些术语定义和概述:

➢ Host:主机端逻辑实体,主要会运行一到多个服务程序。例如 SWP-SIM 卡 (UICC)、应用处理器 (AP,Application Processor) 或基带芯片 (BB, Baseband)等。

➢ Host controller:主机端控制器,一个主要的职责是要负责管理建立通道网络等。例如 NFC 射频控制器前端芯片,恩智浦公司的 PN548/PN66T 等。

➢ Pipe:管道,负责把对应的消息路由到对应的关口。

➢ Gate:关口,负责把来到关口的对应信息路由到对应的服务。

➢ Registry:注册表,定义了对应不同的关口有详细注册表信息。

➢ Service:服务,主要用于非接触的应用程序处理或者内部管理通道网络。

图 10.1 为 HCI 应用案例。

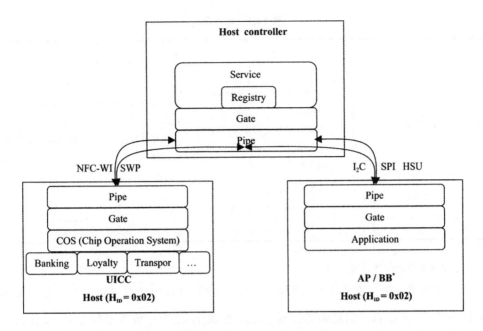

图 10.1　HCI 应用案例

10.1　HCI 数据包格式

因为第一代商用 NFC 射频控制器前端芯片与主机端之间的 HCI 通信,只是扩展一个数据长度、数据头(类似 SWP 的 LLC 协议)和数据尾 CRC 校验三个方面,所以在下面的 HCI 协议讲解时也都把这三个方面一起放到了这个章节。

1. HCI 单包数据格式分析(见图 10.2)

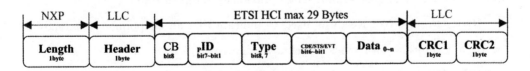

图 10.2　HCI 单包数据格式

> Length:提示后边跟随多少个有效的字节数据,有效值域为 3~32。

> Header:符合 SWP 的简易高层数据链路(SHDLC)协议(见表 10.1)。

表 10.1　帧类型

帧类型	位　域							
	7	6	5	4	3	2	1	0
I-Frames（信息帧）	1	0		N(S)：Sequence number for emission. 用于存放发送帧序号，以使发送方不必等待确认而连续发送多帧		N(R)：Next sequence number for reception. 用于存放接收方下一个预期要接收的帧的序号		
S-Frames（监控帧）	1	1	0	00：RR；01：REJ； 10：RNR；11：SREJ *		N(R)		
U-Frames（无序号帧）	1	1	1	M：Modifier bits for U-Frame（11001：RSET；00110：UA）				

（1）I-Frames（信息帧）

信息帧用于传送有效信息或数据，简称为 I 帧。I 帧以控制字段第 7 和第 6 位两个位为"10"来标识。信息帧的控制字段中的 N(S)用于存放发送帧序号，以使发送方不必等待确认而可以连续发送多帧。N(R)用于存放接收方下一个预期要接收的帧的序号，N(R)＝4，即表示接收方下一帧要接收 4 号帧，其实也就是说 4 号帧前的各帧已经接收到。N(S)和 N(R)均为 3 位二进制编码，可取值的范围为 0～7。

（2）S-Frames（监控帧）

监控帧用于差错控制和流量控制，简称 S 帧。S 帧以控制字段第 7、6 位和第 5 位为"110"来标识。S 帧带信息字段有 5 个字节，即 40 个位。S 帧的控制字段的第 3、4 位为 S 帧类型编码，共有 4 种不同编码，分别表示如下：

RR：Receive Ready is used by endpoint to indicate that it is ready to receive an information frame and/or acknowledge previously received frames.

RNR：Receive Not Ready is used to indicate that an endpoint is not ready to receive any information frames or acknowledgments.

REJ：Reject is used to request the retransmission of frames.

SREJ：This optional command is not supported by the PNx. If received SREJ is treated like an erroneous frame. *　Reference＜ETSI TS 102 613＞

00——接收就绪（RR），由主站或从站发送。主站可以使用 RR 型 S 帧来轮询从站，即希望从站传输编号为 N(R)的 I 帧，若存在这样的帧，便进行传输；从站也可用 RR 型 S 帧来作响应，表示从站希望从主站那里接收的下一个 I 帧的编号是 N

（R）。

01——拒绝（REJ），由主站或从站发送，用以要求发送方对从编号为 N（R）开始的帧及其以后所有的帧进行重发，这也暗示 N（R）以前的 I 帧已被正确接收。

10——接收未就绪（RNR），表示编号小于 N（R）的 I 帧已被收到，但目前正处于忙状态，尚未准备好接收编号为 N（R）的 I 帧，这可用来对链路流量进行控制。

11——选择拒绝（SREJ），它要求发送方发送编号为 N（R）单个 I 帧，并暗示其他编号的 I 帧已全部确认。

可以看出，接收就绪 RR 型 S 帧和接收未就绪 RNR 型 S 帧有两个主要功能，首先，这两种类型的 S 帧用来表示从站已准备好或未准备好接收信息；其次，确认编号小于 N（R）的所有接收到的 I 帧。拒绝 REJ 和选择拒绝 SREJ 型 S 帧，用于向对方站指出发生了差错。REJ 帧用于 GO-back-N 策略，用以请求重发 N（R）以前的帧已被确认，当收到一个 N（S）等于 REJ 型 S 帧的 N（R）的 I 帧后，REJ 状态即可清除。SREJ 帧用于选择重发策略，当收到一个 N（S）等 SREJ 帧的 N（R）的 I 帧时，SREJ 状态即应消除。

（3）U-Frames（无序号帧）

无编号帧因其控制字段中不包含编号 N（S）和 N（R）而得名，简称 U 帧。U 帧以控制字段第 7、6 位和第 5 位为"111"来标识。U 帧用于提供对链路的复位、建立、拆除以及多种控制功能，但是当要求提供不可靠的无连接服务时，它有时也可以承载数据。这些控制功能 5 个 M 位（M1、M2、M3、M4、M5，也称修正位）来定义。5 个 M 位可以定义 32 种附加的命令功能或 32 种应答功能，但目前许多是空缺的。

➢ CB：是否连续标识位（可选项）。

0：标识此帧后面还有相关后续的帧数据。

1：此帧为一单帧或者为连续帧中的最后一帧数据。

➢ pID：管道标识号（可选项）。

0x00：定向到链路控制的关口。

0x01：定向到系统管理的关口。

0x02～0x6f：这个域段为系统动态分配的关口。

0x70～0x7f：预留。

➢ Type：指令类型标识（可选项）。

00：命令 Commands（CDE）。

01：事件 Events（EVT）。

10：响应 Responses commands（STS）。

➤ CDE/STS/EVT：可选项，参考章节为 12.2 节。

➤ Data 0～n：数据体（可选项）。

    * ETSI HCI（CB,pID,Type,CDE/STS/EVT,Data）标识的最大长度为 29 个字节。

➤ CRC1,2：CRC 的算法参考为 ISO/IEC 13239，CRC 的掩码为 0xFFFF，在下边会给出一段计算 CRC 的 C 参考代码：

举个数据帧的例子一：05 92 81 03 c7 09

Length,CRC1,2：0x05,0xc7 0x09

Header：0x92［1001（信息帧）0010（接收方下一个预期要接收的帧的序号为2）］

CB,pID：0x81［1（单帧信息）0000001（定向到系统管理的关口）］

Type,CDE/STS/EVT：0x03［00（命令 CDE）00 0011（ANY_OPEN_PIPE）］

Data$_{0～n}$：None 无

举个数据帧的例子二：03 c2 31 c0

Length,CRC1,2：0x03,0x31 0xc0

Header：0xc2［1100（监控帧）0010（接收方下一个预期要接收的帧的序号为2）］

CB,pID,Type,CDE/STS/EVT, Data $_{0～n}$：None 无

2. HCI 多包数据格式分析

当 HCI 的数据包超过 29 字节后，就需要考虑进行如图 10.3 所示的拆包处理。

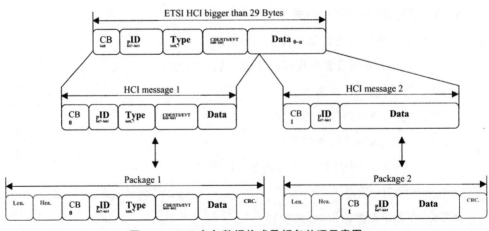

图 10.3　HCI 多包数据格式及拆包处理示意图

（1）源关口负责把大块数据进行拆包处理，而目标关口则会负责把发过来的分段数据进行组包处理，最终合成完整数据。

（2）如果在传输分段数据期间发生了基础数据链路层重置问题，那么已经接收到的数据就应该放弃并且需要进行数据包全部重传处理。

10.2　HCI 数据链路层

本节主要把 HCI 数据链路层的关口、命令、事件和响应的详细定义信息加上第一代恩智浦公司的 NFC 射频控制器前端芯片 PN544 所扩展出来的一些私有定义，以图表的方式汇总在一起，方便进行数据速查功能。限本书的开本尺寸，此节内容以 PDF 形式存放在北京航空航天大学出版社网站的"下载专区"相关页面，请读者自行下载查阅。

10.3　LLC 的 CRC 代码示例

在 SWP 的 SHDLC 协议上或者第一代 NFC 控制器芯片上会对 HCI 的数据进行 CRC 计算，下面是笔者在 VC 上写的一个对数据进行 CRC 计算的示例代码：

```
# include "stdafx.h"
# include <stdlib.h>
# include "Windows.h"

typedef signed char    int8_t;
typedef signed short   int16_t;
typedef signed int     int32_t;
typedef unsigned char  uint8_t;
typedef unsigned short uint16_t;
typedef unsigned int   uint32_t;

typedef enum{
        ERROR_TYPE = 0x0,
        ERROR_MAX,
        ERROR_MIN,
        ERROR_UNKNOW,
}_ERROR_TYPING_;
```

```
// #define CRC_A 0
#define CRC_B 1
static void _hci_byte_Crc(
    uint8_t      crcByte,
    uint16_t     * pCrc
)
{
    crcByte = (crcByte ^ (uint8_t)(( * pCrc) & 0x00FF));
    crcByte = (crcByte ^ (uint8_t)(crcByte <<4));
    * pCrc = ( * pCrc >> 8) ^ ((uint16_t)crcByte <<8) ^
             ((uint16_t)crcByte <<3) ^
             ((uint16_t)crcByte >> 4);
}

void _hci_Crc(
    uint8_t      * pData,
    uint8_t      length,
    uint8_t      * pCrc1,
    uint8_t      * pCrc2
)
{
    uint8_t      crc_byte = 0,
index = 0;
    uint16_t     crc = 0;
#ifdef CRC_A
        crc = 0x6363; / *  ITU-V.41 * /
#else
        crc = 0xFFFF;/ *  ISO/IEC 13239 (formerly ISO/IEC 3309) * /
#endif / *  #ifdef CRC_A * /
    do
    {
        crc_byte = pData[index];
        _hci_byte_Crc(crc_byte,&crc);
        index + + ;
    }while (index <length);
#ifndef INVERT_CRC
    crc = ~crc;/ *  ISO/IEC 13239 (formerly ISO/IEC 3309) * /
#endif / *  #ifndef INVERT_CRC * /
```

```
    * pCrc1 = (uint8_t) (crc & 0xFF);
    * pCrc2 = (uint8_t) ((crc >> 8) & 0xFF);
    return;
}

char ConvertHexChar(char ch)
{
    if((ch >= '0')&&(ch <= '9'))
    return    ch-0x30;
    else    if((ch >= 'A')&&(ch <= 'F'))
    return    ch-'A' + 10;
    else    if((ch >= 'a')&&(ch <= 'f'))
    return    ch-'a' + 10;
    else    return    (-1);
}

void SetColor(unsigned short color)
{
    HANDLE hcon = GetStdHandle(STD_OUTPUT_HANDLE);
    SetConsoleTextAttribute(hcon,color);
}

static void usage(void)
{
        printf("Usage: \n"
        "\tDescription: [Length] + [Header] + [Payload] + [CRC16]\n"
        "\tFor example input [05 f9 04 00],return [0xc3,e5] is ok\n"
        "\tIf you meet some problem,please contact xiaohua.wang@nxp.com\n"
        "\tCopyright (c) 2011,NXP Semiconductor,Inc.\n\n");
}

static void error(_ERROR_TYPING_ arg)
{
        if(arg == ERROR_TYPE)
        printf("\tError: Argument incorrect!!! \n");
        else if(arg == ERROR_MAX || arg == ERROR_MIN)
        printf("\tError: Over 32 argument or less than 3 argument!!! \n");
        else
        printf("\tError: Unknow!!! \n");

        printf("\tPlease input again!!! \n");
}
```

```
//int _tmain(int argc,_TCHAR * argv[])
int main(int argc,char * argv[])
{
        uint8_t crc1 = 0x0;
        uint8_t crc2 = 0x0;
        uint8_t str[200] = {0x0};
        uint8_t i = 0x0;

        usage();
        if(argc > 32 || argc <3)
        {error(ERROR_MAX);return 0;}
        for(i = 0;i<argc - 1;i + +)
        {
                if((((char) * (argv[i + 1] + 2))! = 0x0) || ConvertHexChar((char)
* argv[i + 1]) = = -1 || ConvertHexChar((char) * (argv[i + 1] + 1)) = = -1)
                {error(ERROR_TYPE);return 0;}
                str[i] = ((ConvertHexChar((char) * argv[i + 1])&0x0f) <<0x4) |
(ConvertHexChar((char) * (argv[i + 1] + 1))&0x0f);
        }

        _hci_Crc(str,argc - 1,&crc1,&crc2);
        SetColor(12);
        printf("\tCRC:[0x%x,0x%x]\n",crc1,crc2);
        SetColor(7);

        return 0;
}
```

10.4　第一代 NFC 控制器芯片与主机端交互的 HCI 数据示例

主机端对 NFC 控制器发送复位帧(U-RSET)命令:

```
DH -> NFCC:
        05F9 04 00 C3 E5
Header:0xF9 [ 111(U-Frame) 11001(RSET) ]
Window size:0x04
Endpoint capabilities:0x00
```

NFCC - > DH：

　　　03 E6 17 A7

Header：0xE6［111(U-Frame) 00110 (UA：Unnumbered Acknowledgment) ］

打开系统管理的管道：

DH - > NFCC：

　　　0580 81 03 EA 39

Header：0x80［10000 (I-Frame,N(S)) 000 N(R)］//Initial Reset State N(S) = N(R) = 0

CB,PID：0x81［1(End fragment)0000001(Administration gate)］

Type,CDE/STS/EVT：0x03［00(CDM)000011(ANY_OPEN_PIPE)］

NFCC - > DH：

　　　0581 81 80 A5 D5

//　　　Unpacked data = ［81 80 ］

Header：0x81［10000 (I-Frame,N(S)) 001 N(R)］

CB,PID：0x81［1(End fragment)0000001(Administration gate)］

Type,CDE/STS/EVT：0x80［10(STS)000000(ANY_OK)］

DH - > NFCC：AUTO ACK

　　　03C1 AA F2

Receive Ready 1 Frames 在系统管理管道上把所有之前建立的任何管道进行清除：

DH - > NFCC：

　　　0589 81 14 CA C1

Header：0x89［10001 (I-Frame,N(S)) 001 N(R)］

CB,PID：0x81［1(End fragment)0000001(Administration gate)］

Type,CDE/STS/EVT：0x14［00(CDE)010100(ADM_CLEAR_ALL_PIPE)］

NFCC - > DH：

　　　03C2 31 C0

Header：Acknowledge timeout,0xC2［11000 (RR) 010 N(R)］

NFCC - > DH：

　　　058A 81 80 03 FC

//　　　Unpacked data = ［81 80 ］

Header：0x8A［10001 (I-Frame,N(S)) 010 N(R)］

CB,PID：0x81［1(End fragment)0000001(Administration gate)］

Type,CDE/STS/EVT：0x80［10(STS)000000(ANY_OK)］

DH - > NFCC：AUTO ACK

　　　03C2 31 C0

Receive Ready 2 Frames

之后,打开静态管理权限的关口：

DH - > NFCC：

      0592 81 03 C7 09

Header：0x92 [10010 (I-Frame,N(S)) 010 N(R)]

CB,PID：0x81[1(End fragment)0000001(Administration gate)]

Type,CDE/STS/EVT：0x03[00(CDE)000011(ANY_OPEN_PIPE)]

NFCC - > DH：

      0593 81 80 88 E5

//   Unpacked data = [81 80]

Header：0x93 [10010 (I-Frame,N(S)) 011 N(R)]

CB,PID：0x81[1(End fragment)0000001(Administration gate)]

Type,CDE/STS/EVT：0x80[10(STS)000000(ANY_OK)]

DH - > NFCC：AUTO ACK //Reference .llc_SetupAutoAck(TRUE or FALSE,delay_in_ms);

      03C3 B8 D1

Receive Ready 3 Frames

创建管道让主机端与 NFC 控制器之间关口对接起来：

DH - > NFCC：

      089B 81 10 20 00 90 A9 ED

Header：0x9B [10011 (I-Frame,N(S)) 011 N(R)]

CB,PID：0x81[1(End fragment)0000001(Administration gate)]

Type,CDE/STS/EVT：0x10[00(CDE)010000(ADM_CREATE_PIPE)]

source GID：0x20(dynamic,Host specific)

destination HID：0x00(PN544)

destination GID：0x90(dynamic,Host specific)

NFCC - > DH：

      0A9C 81 80 01 20 00 90 02 1D 5C

//   Unpacked data = [81 80 01 20 00 90 02]

Header：0x9C [10011 (I-Frame,N(S)) 100 N(R)]

CB,PID：0x81[1(End fragment)0000001(Administration gate)]

Type,CDE/STS/EVT：0x80[10(STS)000000(ANY_OK)]

source HID：0x01(BB)

source GID：0x20(dynamic,Host specific)

destination HID：0x00(PNx)

destination GID：0x90(dynamic,Host specific)

PID of pipe：0x02 (dynamic pipe)

DH - > NFCC：AUTO ACK

      03C4 07 A5

Receive Ready 4 Frames

打开上一条成功建立的系统管道号：

DH - > NFCC：

      05A4 82 03 D8 73

Header：0xA4 [10100 (I-Frame,N(S)) 100 N(R)]

CB,PID：0x82[1(End fragment)0000010(dynamic pipe)]

Type,CDE/STS/EVT：0x03[00(CDE)000011(ANY_OPEN_PIPE)]

NFCC - > DH：

      03C5 8E B4

Header：Acknowledge timeout,0xC5 [1100(RR) 0101 N(R)]

NFCC - > DH：

      05A5 82 80 97 9F

//   Unpacked data = [82 80]

Header：0xA5[10100 (I-Frame,N(S)) 101 N(R)]

CB,PID：0x82[1(End fragment)0000010(dynamic pipe)]

Type,CDE/STS/EVT：0x80[10(STS)000000(ANY_OK)]

DH - > NFCC：AUTO ACK

      03C5 8E B4

Receive Ready 5 Frames

在这个管道号上传送 NXP 私有定制的读取寄存器 0xf830 的命令和地址：

DH - > NFCC：

      08AD 82 3E 00 F8 30 A7 1A

Header：0xAD [10101 (I-Frame,N(S)) 101 N(R)]

CB,PID：0x82[1(End fragment)0000010(dynamic pipe)]

Type,CDE/STS/EVT：0x3E[00(CDE)110111(NXP_READ)]

Address：0x00F830(Debug_Interface)

NFCC - > DH：

      06AE 82 80 00 08 CD

//   Unpacked data = [82 80 00]

Header：0xAE [10101 (I-Frame,N(S)) 110 N(R)]

CB,PID：0x82[1(End fragment)0000010(dynamic pipe)]

Data：0x00[00000000(0x00 = No debug mode)]

DH - > NFCC：AUTO ACK

      03C6 15 86

Receive Ready 6 Frames

在这个管道号上传送 NXP 私有定制的读取寄存器 0x9eaa 的命令和地址：

DH - > NFCC：

       08B6 82 3E 00 9E AA 64 7F

Header：0xB6 [10110 (I-Frame,N(S)) 110 N(R)]

CB,PID：0x82[1(End fragment)0000010(dynamic pipe)]

Type,CDE/STS/EVT：0x3E[00(CDE)111110(NXP_READ)]

Address：0x009EAA(PWR_STATUS)

DH - > NFCC：REPEATED FRAME

       08 B6 82 3E 00 9E AA 64 7F

NFCC - > DH：

       06 B7 82 80 01 43 E6

//   Unpacked data = [82 80 01]

Header：0xB7 [10110 (I-Frame,N(S)) 111 N(R)]

CB,PID：0x82[1(End fragment)0000010(dynamic pipe)]

Data：0x01[00000001(0x01 - > PNx goes in standby when possible otherwise stays in active bat mode)]

DH - > NFCC：AUTO ACK

       03C7 9C 97

Receive Ready 7 Frames

在这个管道号上传送 NXP 私有定制的设置寄存器 0x9eaa 的命令和数据 0x00：

DH - > NFCC：

       09BF 82 3F 00 9E AA 00 E7 1E

Header：0xBF [10111 (I-Frame,N(S)) 111 N(R)]

CB,PID：0x82[1(End fragment)0000010(dynamic pipe)]

Type,CDE/STS/EVT：0x3F[00(CDE)111111(NXP_WRITE)]

Address：0x009EAA(PWR_STATUS)

Value：0x00

DH - > NFCC：REPEATED FRAME

       09BF 82 3F 00 9E AA 00 E7 1E

NFCC - > DH：

       06B8 82 80 00 33 45

//   Unpacked data = [82 80 00]

Header：0xB8 [10111 (I-Frame,N(S)) 000 N(R)]

CB,PID：0x82[1(End fragment)0000010(dynamic gate)]

Type,CDE/STS/EVT：0x80[10(STS)000000(ANY_OK)]

Value contain the memory read value after write operation：0x00

DH - > NFCC：AUTO ACK

       03C0 23 E3

Looped,Receive Ready 0 Frames

主机端对 NFC 控制器进行去激活处理：

DH - > NFCC：

  0589 82 04 23 FB

Header：0x89［10001（I-Frame,N(S)）001 N(R)］

CB,PID：0x82［1(End fragment)0000010(dynamic pipe)］

Type,CDE/STS/EVT：0x04［00(CDE)000100(ANY_CLOSE_PIPE)］

NFCC - > DH：

  03C2 31 C0

Header：Acknowledge timeout,0xC2［1100(RR) 0010 N(R)］

NFCC - > DH：

  058A 82 80 6B D6

// Unpacked data =［82 80］

Header：0x8A［10001（I-Frame,N(S)）010 N(R)］

CB,PID：0x82［1(End fragment)0000010(dynamic gate)］

Type,CDE/STS/EVT：0x80［10(STS)000000(ANY_OK)］

DH - > NFCC：AUTO ACK

  03C2 31 C0

Receive Ready 2 Frames

DH - > NFCC：

  0692 81 11 02 3D DA

Header：0x92［10010（I-Frame,N(S)）010 N(R)］

CB,PID：0x81［1(End fragment)0000001(administration pipe)］

Type,CDE/STS/EVT：0x11［00(CDE)010001(ADM_DELETE_PIPE)］

delete a dynamic pipe：0x02

NFCC - > DH：

  0593 81 80 88 E5

// Unpacked data =［81 80］

Header：0x93［10010（I-Frame,N(S)）011 N(R)］

CB,PID：0x81［1(End fragment)0000001(administration pipe)］

Type,CDE/STS/EVT：0x80［10(STS)000000(ANY_OK)］

DH - > NFCC：AUTO ACK

  03C3 B8 D1

Receive Ready 3 Frames

上面的示例是在恩智浦公司 PN544 开发板上运行的，PC 端软件使用更为简洁的脚本语言，工具软件会进行数据相应的数据包装，如加入数据包长度、组装包头和对数据 CRC 验证。

图 10.4 示例了 PC 端软件的脚本输入到 HCI 帧的组装过程。

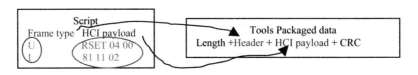

图 10.4   PC 端软件的脚本输入到 HCI 帧的组装过程

11 NCI 协议详解

NFC 论坛技术标准主要定义了三个标准,第一个主要定义了统一的射频层、数字层、应用层和 NCI 通信和数据标准;第二个定义了各类 NFC 标签的技术标准和数据结构;还有一个偏向于上层应用方面的,例如电子海报、URI 记录以及通过 NFC 对 Wi‒Fi,蓝牙上层数据应用的快速切换标准。

第二和第三个主要还是在应用层面,本书不赘述,想要了解上层应用实现的可以参考一下 NFC 论坛的技术标准或者网络上面的示例代码,本章主要集中在第一个标准,该标准主要分了四层(见表 11.1),下面的射频模拟和数字协议部分合并在一起,再以主动发场扫描或者被动监听的模式在 NCI 命令 RF Discovery 中体现。

表 11.1　第一个标准

NCI 标准(通信数据结构)
ACTIVITY(Polling Loop 的定义)
Digital Protocol(数字协议)
RF Analog(射频模拟)

表 11.1 中的 ACTIVITY 层主要定义了以主动发场扫描或者被动监听标准的交互流程等,例如图 11.1 的示例图就是一个标准的 RF Discovery 的轮询图,分别配置了主动扫描模式的 NFC-A,NFC-B ＆NFC-F,完成后就到了被动监听的模式,此为一个周期,然后周而复始。NCI 标准中只定义了 type A、B、F 的主动 poll 和 listen 模式,但是在市面上具体的 NFC 设备中可能会加入更多的射频技术支持。

11.1　NCI 定义范围

在之前的 NFC 整体协议框架中有一个中间层需要用到 NCI 协议,这层协议定义了主机端与 NFC 射频控制器前端之间的全部通信标准和数据结构,例如针对手机那就是手机主应用处理器与 NFC 射频控制器前端之间的通信接口。

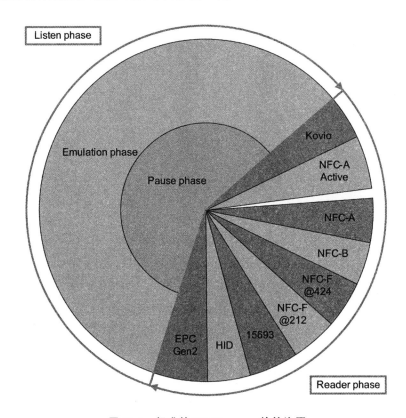

图 11.1　标准的 RF Discovery 的轮询图

如图 11.2 所示，NCI 定义的范围主要是在主机端和 NFC 射频控制器前端之间

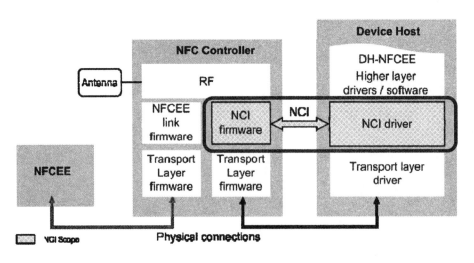

图 11.2　NCI 定义范围示意

的数据通信标准。也就是说,NFC 射频控制器前端与主机端在物理总线上面跑的第一层加载的数据协议是 NCI,里面包装数据体有可能是在 NCI 定义的,也有可能数据是发给 NFCEE 通信的 APDU 数据,但是不管是什么样的数据体,第一层数据包装一定是 NCI 的定义。

平时看到的例如主机端通知 NFC 射频控制器前端去工作在卡模拟、P2P 或者读/写器模式的命令,主机端都是会包装成 NCI 数据发给 NFC 射频控制器前端,控制器收到命令后会做相应的处理和响应。

NCI 标准架构主要由三个部分组成,第一部分为主机端发起对 NFC 射频前端控制芯片的一些相关工作参数的配置,以及各家 NFC 芯片会定义的一些私有控制命令参数等都是通过这个模块完成;第二部分为 RF 射频实体部分,里面会包括一组逻辑通道和一组通用的配置参数和格式,例如在读取外部卡片或标签数据实体时就需要使用到这个模块;第三部分为 NFC 支付模块运行实体,里面也是包括一组逻辑通道和一组配置参数和格式,例如在主机端在与 SE 之间进行数据交互时就需要用到这里的逻辑管道。

综合上面介绍的三个部分,在应用时会涉及概念控制信息(Control Message)、数据通信(Data communication)和接口(Interface)定义。

1. 控制信息(Control Message)

控制信息主要包括命令(CMD)、回复(RSP)和事件(EVT),例如在主机端要对 NFC 控制器发起一些工作参数设置时,如设置 NFC 芯片进入复位和初始化的动作,就需要发出相关的命令 NFC 芯片,NFC 芯片如果完全就绪就需要回复响应命令,如果过程中有些别的东西没有准备好也可以通过事件信息来通知。接下来的篇幅会重点介绍该部分。如图 11.3 所示,命令由主机端产生,NFC 控制器是可以回复命令响应或者通知事件的。

2. 数据通信(Data communication)

所有实体数据的通信都是建立对应的逻辑通道上完成的,通过逻辑通道可以快速链接到对应实体上去。如图 11.4 所示,数据通信是可以相互的,数据具体需要定向到的端点由数据包中的逻辑通道指示。

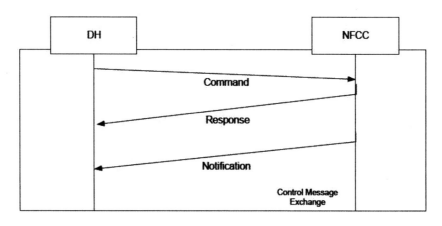

图 11.3 控制信息

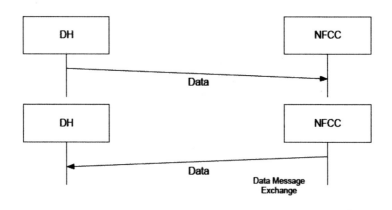

图 11.4 数据通信

3. 接口（Interface）

如图 11.5 所示，包括两个部分的接口，一个是通过接触通道与安全支付单元（SE）之间的接口，它们之间的通信协议主要有 HCI 和 APDU 等，这个部分的逻辑通道是需要根据具体的情况来动态创建的，例如同时支持 eSE 和 UICC 它们的逻辑通道是不同的。另外一个是例如与外部卡片通过非接触的接口，通信协议有 ISO14443 和 ISO18092 等。RF 射频接口的逻辑通道是静态的，就是说，一启动就应该是存在和创建好的，是不需要额外去创建的。

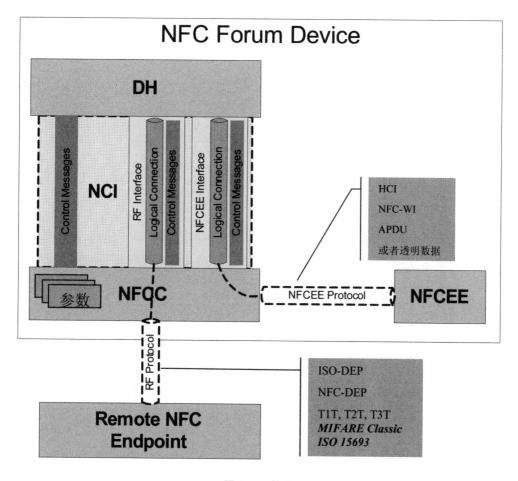

图 11.5　接口

11.2　NCI 消息类型

主机端在与 NFC 射频控制器前端之间通信时的所有数据包全部由 NFC 论坛 NCI 定义,也就是说跑在物理链路上的数据包必须符合 NCI 的标准。NCI 消息主要由三大类型构成,命令响应对、通知信息和数据包,这三大类型的前两者数据序列由控制包定义,后者则由数据包定义。

1. 命令响应对示例(控制包)

➢ 复位、初始化命令等;

➢ 系统参数配置;

➤ 启动和停止扫描轮询；

➤ 设置逻辑通道为数据包交互。

2. 通知信息示例(控制包)

➤ 开关射频场信息；

➤ 激活或去激活通知信息；

➤ 任务状态更新。

3. 数据包示例(数据包)

➤ 数据包只能跑在逻辑通道上；

➤ 数据包主要用在主机端和外部的卡片或者 TAG 之间，或者与 SE 载体之间；

➤ 主机端与 NFC 射频控制器前端的数据包通信支持流控管理。

上面的举例示意了 NCI 消息的三大类型，接下来章节里会把 NCI 定义的一些基本命令响应对、通知信息和数据包详细地展开分析。

11.2.1　NCI 数据格式

在本书的多处提及 HCI 与 NCI 的一些出处和差异点，这里在开始介绍 NCI 定义的详细消息类型前，先把 HCI 和 NCI 的数据包格式做一个横向的比较，如图 11.6 所示。

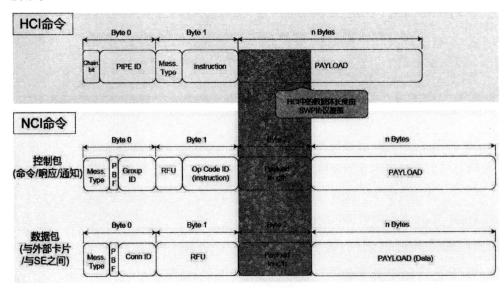

图 11.6　HCI 和 NCI 数据包格式比较

从图 11.6 中可以看出来,NCI 在控制包和数据包的定义和 HCI 有极大的相似之处,只是 NCI 现在应用在主机端与 NFC 射频控制器前端之间,而 HCI 应用在 NFC 射频控制器前端与 SE 之间。通过图 11.6 可以看出控制包和数据包主要的区别就是,控制包中有组标识和操作码,而数据包则有通道标识,其他部分的定义解释可通用,下面为 NCI 数据包头的定义和解释。

1. 消息类型(MT/Message Type)

NCI 数据包头会由 3 个位来定义消息类型,当数据头中包含未定义的 RFU 段时,对方接收到后可标识为不设别帧默认丢弃即可,具体含义如下表。

消息类型	含　义
000b	表示为这帧数据为数据包格式
001b	表示为这帧数据为控制包格式(命令)
010b	表示为这帧数据为控制包格式(响应)
011b	表示为这帧数据为控制包格式(通知)
100b~111b	未定义 RFU

2. 数据包连续标志(PBF/Packet Boundary Flag)

在控制包中消息类型标识位后跟了一个位来表示此帧的数据包是否为连续的包,具体含义如下表。

数据包连续标志	含　义
0b	代表包已经完整,并且此包为最后一包
1b	代表包连续,并且此包不为最后一包

数据包连续标志应用时的三个规则:

➤ 如果此包为一个完整的包,那么此包的数据包连续标识应该要设置成 0x0。

➤ 如果此包为之前分段连续包的最后一包数据,那么此包的数据包连续标识也应该要设置成 0x0。

➤ 如果此包为之前分段连续包的中间包,后面还有数据需要连续,那么此包的数据包连续标识应该要设置成 0x1。

3. 组标识(GID/Group Identifier)

在控制包中数据连续标志之后,紧跟了 4 个位的组标识,这个标识主要用于判断接下来的命令,响应和通知所归属的组,例如组标识包含 NCI 通用的命令、RF 管理和 NFCEE 管理命令。

4. 操作码（OID/Opcode Identifier）

控制包的组标识位后预留了两个位的 RFU,再接下来就是 6 个位的操作码标识。操作码代表具体的命令、响应或通知的具体含义,下面就把组标识和操作码合成一张表示例如下。

组标识 GID	操作码 OID	消息含义
NCI Core 0000b	000000b	CORE_RESET_CMD CORE_RESET_RSP CORE_RESET_NTF
	000001b	CORE_INIT_CMD CORE_INIT_RSP
	000010b	CORE_SET_CONFIG_CMD CORE_SET_CONFIG_RSP
	000011b	CORE_GET_CONFIG_CMD CORE_GET_CONFIG_RSP
	000100b	CORE_CONN_CREATE_CMD CORE_CONN_CREATE_RSP
	000101b	CORE_CONN_CLOSE_CMD CORE_CONN_CLOSE_RSP
	000110b	CORE_CONN_CREDITS_NTF
	000111b	CORE_GENERIC_ERROR_NTF
	001000b	CORE_INTERFACE_ERROR_NTF
	001001b-111111b	RFU
RF Management 0001b	000000b	RF_DISCOVER_MAP_CMD RF_DISCOVER_MAP_RSP
	000001b	RF_SET_LISTEN_MODE_ROUTING_CMD RF_SET_LISTEN_MODE_ROUTING_RSP
	000010b	RF_GET_LISTEN_MODE_ROUTING_CMD RF_GET_LISTEN_MODE_ROUTING_RSP RF_GET_LISTEN_MODE_ROUTING_NTF

组标识 GID	操作码 OID	消息含义
RF Management 0001b	000011b	RF_DISCOVER_CMD RF_DISCOVER_RSP RF_DISCOVER_NTF
	000100b	RF_DISCOVER_SELECT_CMD RF_DISCOVER_SELECT_RSP
	000101b	RF_INTF_ACTIVATED_NTF
	000110b	RF_DEACTIVATE_CMD RF_DEACTIVATE_RSP RF_DEACTIVATE_NTF
	000111b	RF_FIELD_INFO_NTF
	001000b	RF_T3T_POLLING_CMD RF_T3T_POLLING_RSP RF_T3T_POLLING_NTF
	001001b	RF_NFCEE_ACTION_NTF
	001010b	RF_NFCEE_DISCOVERY_REQ_NTF
	001011b	RF_PARAMETER_UPDATE_CMD RF_PARAMETER_UPDATE_RSP
	001100b	RF_LLCP_SYMMETRY_START_CMD RF_LLCP_SYMMETRY_START_RSP
	001101b	RF_LLCP_SYMMETRY_STOP_CMD RF_LLCP_SYMMETRY_STOP_RSP
	001110b	RF_AGGREGATE_ABORT_CMD RF_AGGREGATE_ABORT_RSP
	001111b-111111b	RFU
NFCEE Management 0010b	000000b	NFCEE_DISCOVER_CMD NFCEE_DISCOVER_RSP NFCEE_DISCOVER_NTF
	000001b	NFCEE_MODE_SET_CMD NFCEE_MODE_SET_RSP
	000010b-111111b	RFU
	000000b-111111b	RFU

5. 数据体长度（L/Payload Length）

数据体的长度由 NCI 数据包的第 3 个字节来表示，仅用一个字节长度来表示长度，也就是说，后面能跟的数据体长度最多从 0~255 个字节。

6. 通道标识 Connection Identifier（Conn ID）

上面介绍的控制包中的消息类型和数据包连续标识同样适用数据包。在数据包的连续标识后面，紧跟了一个 4 个位的通道标识，表示这帧数据应该归属的逻辑通道，逻辑通道号则在刚开始建立连接时双方握手协商好。通道标识由 4 个位来表示，也就是通道号的范围在 0~15 之间，下面为具体通道标识含义。

通道标识	含 义
0000b	这是一个静态的 RF 通道，固定用于主机端与外部的卡片之间
0001b-1111b	这个范围则由 NFC 射频控制器前端分配

11.2.2　NCI 命令详解

NCI 定义了各个详细命令、响应和通知的含义，这个小节就把前面描述过的操作码进行具体分析。

1. NCI 主要控制命令

NCI 核心控制命令主要用于主机端和 NFC 射频控制器前端之间，例如通知 NFC 射频控制器前端进行复位、初始化等。

（1）复位 NFC 射频控制器前端命令，响应和通知，命令解释如下：

CORE_RESET_CMD			
数据体含义	长度	含 义	
复位帧	1 个字节	0x00	保持 NFCC 射频参数设置
		0x01	清除 NFCC 射频参数设置
		0x02~0xFF	RFU

CORE_RESET_RSP		
数据体含义	长度	含义
状态	1 个字节	见状态总表[1]
支持 NCI 的版本	1 个字节	0x10 表示 NCI1.0 0x11 表示 NCI1.1
配置的状态	1 个字节	0x00 表示 NFCC 射频参数保持 0x01 表示 NFCC 射频参数已清除

CORE_RESET_NTF			
数据体含义	长度	含义	
通知码	1 个字节	0x00	未知错误
		0x01-0x9F	RFU
		0xA0-0xFF	私有代码
配置状态	1 个字节	0x00 表示 NFCC 射频参数保持 0x01 表示 NFCC 射频参数已清除	

（2）初始化 NFC 射频控制器前端命令，响应和通知，命令解释如下：

CORE_INIT_CMD		
数据体含义	长度	含义

初始化 NFC 功能	0 或者 2 个字节	如果长度为 2 的话，后面就会跟有两个字节含义如下
		字节 1：
		  0x01 表示 NFCC 需要打开 NCI1.1 的一些新功能
		  0x00 则表示 NFCC 不需要使能 NCI1.1 的一些功能
		字节 2：0x00 RFU

CORE_INIT_RSP		
数据体含义	长度	含义
状态	1 个字节	见状态总表[1]
NFC 功能	4 个字节	字节 0： 0000 0001b 表示 RF 扫描的频率是可以通过 RF_DISCOVER_ 　　CMD 命令进行配置到 NFCC 中去 0000 0000b 表示 RF 扫描的频率不可配置 0000 000xb 表示 NFCC 的 RF 只能主机端配置 0000 001xb 表示 NFCC 的 RF 可以主机端和 SE 都可以配置它 字节 1： b4 为 1 表示支持 NFCID2 路由，为 0 不支持 b3 为 1 表示支持 AID 路由，为 0 不支持 b2 为 1 表示支持协议种类路由，为 0 不支持 b1 为 1 表示支持射频技术路由，为 0 不支持 字节 2： b1 为 1 表示支持关机刷卡，为 0 表示不支持 b0 为 1 表示支持无电刷卡，为 0 表示不支持 字节 3： RFU
支持多少射频接口	1 个字节	支持的射频接口个数，下面数据包进行呈现
支持的射频 接口组[1..n]	1 个字节	0x00　　　　NFCEE 直接通讯的射频接口 0x01　　　　帧射频接口 0x02　　　　ISO-DEP 射频接口 0x03　　　　NFC-DEP 射频接口 0x04　　　　LLCP 射频接口 0x05　　　　聚合帧射频接口 0x06-0x7F　RFU 0x80-0xFE　预留位为私有位保留 0xFF　　　　RFU
最大的逻辑通道数	1 个字节	0x00～0x0E	NFCC 动态分配和管理
		0x0F～0xFF	RFU
最大路由表容量	2 个字节	代表最大路由表支持的容量，如果不支持则设置成 0x00
最大控制包数据体容量	1 个字节	代表最大的 NCI 控制包的接收长度，有效的范围在 32～255 之间
最大设置参数个数	2 个字节	两条参数 PB_H_INFO 和 LB_H_INFO_RESP 的最大个数总和
NFCC 的厂家代码	1 个字节	这个由厂家自定义，如果没有就设置成 00
NFCC 厂家私有代码	4 个字节	这个由厂家自定义，如果没有就设置成 00

（3）设置或者获取 NFC 射频控制器前端的一些配置参数等：

CORE_SET_CONFIG_CMD				
数据体含义	长度	含义		
参数对个数	1 个字节	接下来这个数据包里会有多少对要设置的参数(n)		
参数对[1..n]	m＋2 个字节	标识	1 个字节	配置参数见标识列表[2]
		长度	1 个字节	表示接下来的键值个数,如果这个长度为 0,那么下面的键值也可以省略
		键值	m 个字节	实际的配置参数

CORE_SET_CONFIG_RSP		
数据体含义	长度	含义
状态	1 个字节	见状态总表[1]
参数对个数	1 个字节	接下来这个数据包里会有多少对无效配置参数(n),正常情况下应该是为 0 或者没有参数标识,除非当上面的状态返回为 STATUS_ INVALID_PARAM
无效参数 ID[0..n]	1 个字节	无效配置参数的标识号

CORE_GET_CONFIG_CMD		
数据体含义	长度	含义
参数对个数	1 个字节	接下来这个数据包里会有多少对需要读取的参数(n)
参数对[1..n]	1 个字节	需要读取配置参数的标识号

CORE_GET_CONFIG_RSP				
数据体含义	长度	含义		
状态	1 个字节	见状态总表[1]		
参数对个数	1 个字节	接下来这个数据包里会有多少对返回值		
参数对[1..n]	m＋2 个字节	标识	1 个字节	配置参数见标识列表[2]
		长度	1 个字节	表示接下来的键值个数,如果这个长度为 0,那么下面的键值也可以省略
		键值	m 个字节	实际的配置参数

标识列表[2]	
标识号	参数名
0x00	TOTAL_DURATION
0x01	CON_DEVICES_LIMIT
0x02	CON_DISCOVERY_PARAM
0x03-0x07	RFU
0x08	PA_BAIL_OUT
0x09-0x0F	RFU
0x10	PB_AFI
0x11	PB_BAIL_OUT
0x12	PB_ATTRIB_PARAM1
0x13	PB_SENSB_REQ_PARAM
0x14-0x17	RFU
0x18	PF_BIT_RATE
0x19	PF_RC_CODE
0x1A-0x1F	RFU
0x20	PB_H_INFO
0x21	PI_BIT_RATE
0x22-0x27	RFU
0x28	PN_NFC_DEP_SPEED
0x29	PN_ATR_REQ_GEN_BYTES
0x2A	PN_ATR_REQ_CONFIG
0x2B-0x2F	RFU
0x30	LA_BIT_FRAME_SDD
0x31	LA_PLATFORM_CONFIG
0x32	LA_SEL_INFO
0x33	LA_NFCID1
0x34-0x37	RFU
0x38	LB_SENSB_INFO
0x39	LB_NFCID0
0x3A	LB_APPLICATION_DATA
0x3B	LB_SFGI
0x3C	LB_ADC_FO
0x3D-0x3F	RFU
0x40	LF_T3T_IDENTIFIERS_1

标识号	参数名
0x41	LF_T3T_IDENTIFIERS_2
0x42	LF_T3T_IDENTIFIERS_3
0x43	LF_T3T_IDENTIFIERS_4
0x44	LF_T3T_IDENTIFIERS_5
0x45	LF_T3T_IDENTIFIERS_6
0x46	LF_T3T_IDENTIFIERS_7
0x47	LF_T3T_IDENTIFIERS_8
0x48	LF_T3T_IDENTIFIERS_9
0x49	LF_T3T_IDENTIFIERS_10
0x4A	LF_T3T_IDENTIFIERS_11
0x4B	LF_T3T_IDENTIFIERS_12
0x4C	LF_T3T_IDENTIFIERS_13
0x4D	LF_T3T_IDENTIFIERS_14
0x4E	LF_T3T_IDENTIFIERS_15
0x4F	LF_T3T_IDENTIFIERS_16
0x50	LF_PROTOCOL_TYPE
0x51	LF_T3T_PMM_DEFAULT
0x52	LF_T3T_MAX
0x53	LF_T3T_FLAGS
0x54	LF_CON_BITR_F
0x55	LF_ADV_FEAT
0x56-0x57	RFU
0x58	LI_FWI
0x59	LA_HIST_BY
0x5A	LB_H_INFO_RESP
0x5B	LI_BIT_RATE
0x5C-0x5F	RFU
0x60	LN_WT
0x61	LN_ATR_RES_GEN_BYTES
0x62	LN_ATR_RES_CONFIG
0x63-7F	RFU
0x80	RF_FIELD_INFO
0x81	RF_NFCEE_ACTION

标识号	参数名
0x82	NFCDEP_OP
0x83	LLCP_VERSION
0x84	AGG_INTF_CONFIG
0x85	NFCC_CONFIG_CONTROL
0x86-0x9F	RFU
0xA0-0xFE	Reserved
0xFF	RFU

（4）用于创建或者关闭主机端与 NFC 射频控制器前端之间的动态逻辑通道：

CORE_CONN_CREATE_CMD						
数据体含义	长度	含义				
目标通道类型	1 个字节	0x00	RFU			
		0x01	用于在主机端和 NFC 射频控制器前端之间建立一个数据环出的测试验证通道			
		0x02	用于建立主机端与外部卡片或者标签的动态通道			
		0x03	用于建立主机端与 SE 之间的动态通道			
		0x04～0xC0	RFU			
		0xC1～0xFE	私有通道，例如可以用于 NFCC 固件升级通道用途			
		0xFF	RFU			
目标通道对数	1 个字节	表示这个数据包中接下来的想要创建的目标通道个数				
键值目标通道对数的各个参数 [0..n]	m+2 个字节	类型	1 个字节	0x00	2 个字节	第一字节：RF 扫描标识表[3] 第二字节：RF 协议表[4]
				0x01	2 个字节	第一字节：NFCEE 标识表[5]，如果为零就表示没有使用 第二字节：NFCEE 接口协议表[6]
				0x02～0x9F RFU		
				0xA0～0xFF 私有保留		
		长度	1 个字节	接下来的键值的长度		
		键值	m 个字节	目标通道的键值		

RF 扫描标识[3]	
标识号	含义
0	RFU
1～254	由 FC 射频控制器前端芯片动态分配
255	RFU

RF 协议表[4]	
标识号	含义
0x00	PROTOCOL_UNDETERMINED
0x01	PROTOCOL_T1T
0x02	PROTOCOL_T2T
0x03	PROTOCOL_T3T
0x04	PROTOCOL_ISO_DEP(T4T)
0x05	PROTOCOL_NFC_DEP
0x06～0x7F	RFU
0x80～0xFE	私有保留
0xFF	RFU

NFCEE 标识表[5]	
标识号	含义
0	这是一个固定的标识号用于主机和 SE 之间
1～254	由 NFC 频控制器前端芯片动态分配
255	RFU

NFCEE 接口协议表[6]	
标识号	含义
0x00	APDU
0x01	HCI 命令访问
0x02	Type 3 Tag 命令
0x03	透明流
0x04～0x7F	RFU
0x80～0xFE	私有保留
0xFF	RFU

CORE_CONN_CREATE_RSP		
数据体含义	长度	含义
状态	1 个字节	见状态总表[1]
允许最大的数据体长度	1 个字节	可以从 1～255 之间
初始信任标识号码	1 个字节	0x00～0xFE　　信任标识号码 0xFF　　　　　不支持信任标识流控系统
通道标识（＊只由低 4 位标识，高 4 位为 RFU）	1 个字节	0000b　　　　主机端与外部卡片或标签通道标识 0001b～1111b 由 NFCC 动态分配

CORE_CONN_CLOSE_CMD		
数据体含义	长度	含义
通道标识（＊只由低 4 位标识，高 4 位为 RFU）	1 个字节	想要关闭的通道标识号码 0000b　　　　主机端与外部卡片或标签通道标识 0001b～1111b 由 NFCC 动态分配

CORE_CONN_CLOSE_RSP		
数据体含义	长度	含义
状态	1 个字节	见状态总表[1]

CORE_CONN_CREDITS_NTF			
数据体含义	长度	含义	
信任标识号码对	1 个字节	接下来的数据包中的信任标识号码对数(n)	
信任标识包[1..n]	2 个字节	通道标识	1 个字节	信任标识号码所在的通道标识码
		信任标识号码	1 个字节	信任标识号码

（5）NIC 核心控制命令的两个错误通知，前者主要报告 NFCC 状态，后者用于射频和 SE 之间的接口错误，详情如下：

CORE_GENERIC_ERROR_NTF		
数据体含义	长度	含义
状态	1 个字节	见状态总表[1]

CORE_INTERFACE_ERROR_NTF		
数据体含义	长度	含义
状态	1 个字节	见状态总表[1]
通道标识(＊只由低 4 位标识，高 4 位为 RFU)	1 个字节	通知那个逻辑通道出错了 0000b　　　　主机端与外部卡片或标签通道标识 0001b～1111b　由 NFCC 动态分配

（6）命令状态总表[1]，包含了通用回复状态以及 RF 和 NFCEE 状态回复，命令解释如下：

状态码	描　　述
0x00	STATUS_OK
0x01	STATUS_REJECTED
0x03	STATUS_FAILED
0x04	STATUS_NOT_INITIALIZED
0x05	STATUS_SYNTAX_ERROR
0x06	STATUS_SEMANTIC_ERROR
0x07～0x08	RFU
0x09	STATUS_INVALID_PARAM
0x0A	STATUS_MESSAGE_SIZE_EXCEEDED
0x0B～0x10	RFU
0x11	STATUS_OK_1_BIT
0x12	STATUS_OK_2_BIT
0x13	STATUS_OK_3_BIT
0x14	STATUS_OK_4_BIT
0x15	STATUS_OK_5_BIT
0x16	STATUS_OK_6_BIT
0x17	STATUS_OK_7_BIT
0x18～0x9F	RFU
0xA0	DISCOVERY_ALREADY_STARTED
0xA1	DISCOVERY_TARGET_ACTIVATION_FAILED
0xA2	DISCOVERY_TEAR_DOWN

状态码	描 述
0xA3～0xAF	RFU
0x02	RF_FRAME_CORRUPTED
0xB0	RF_TRANSMISSION_ERROR
0xB1	RF_PROTOCOL_ERROR
0xB2	RF_TIMEOUT_ERROR
0xB3	RF_UNEXPECTED_DATA
0xB4～0xBF	RFU
0xC0	NFCEE_INTERFACE_ACTIVATION_FAILED
0xC1	NFCEE_TRANSMISSION_ERROR
0xC2	NFCEE_PROTOCOL_ERROR
0xC3	NFCEE_TIMEOUT_ERROR
0xC4～0xDF	RFU
0xE0～0xEF	For proprietary use

2. RF 管理命令

这里介绍配置和处理一些与外部 RF 相关的接口或协议,例如设置 RF 扫描时不同的协议、在做卡模式时路由表设置等。

(1) 配置对应的卡模拟或者读写模式的射频协议与射频接口,命令解释如下:

RF_DISCOVER_MAP_CMD					
数据体含义	长度	含义			
射频配置对数	1 个字节	接下来的数据包中的射频配置对(n)			
射频配置对[1..n]	3 个字节	射频协议	1 个字节	RF 协议表[4]	
		工作模式	1 个字节	0000 00x0b: 如果 x 为 1 则为 RF 接口是使能到卡模式;为 0 则无效 0000 000xb: 如果 x 为 1 则为 RF 接口是使能到读写模式;为 0 则无效	
		射频接口	1 个字节	射频接口表[7]	

射频接口表[7]	
标识	含义
0x00	NFCEE Direct RF Interface
0x01	Frame RF Interface
0x02	Frame RF Interface
0x03	NFC-DEP RF Interface
0x04	LLCP Low RF Interface
0x05	Aggregated Frame RF Interface
0x06～0x7F	RFU
0x80～0xFE	私有保留
0xFF	RFU

RF_DISCOVER_MAP_RSP		
数据体含义	长度	含义
状态	1 个字节	见状态总表[1]

（2）设置或者获取卡模拟路由表命令、响应和通知等，这里主要介绍命令数据报结构，下面专门留出来一个章节来介绍一下路由表的冲突和仲裁等情况：

RF_SET_LISTEN_MODE_ROUTING_CMD				
数据体含义	长度	含义		
连续帧标识	1 个字节	0x00 这是最后一帧 0x01 这是第一帧或者中间帧,后边还有其他帧 0x02-0xFF RFU		
路由表对数	1 个字节	表示这个数据包中会有多少路由表对数(n) NFCC 中至少要有一对路由配置		
路由表[1..n]	x＋2 字节	类型	1 个字节	路由表类型总表[8]
		长度	1 个字节	路由表键值的长度
		键值	x 个字节	路由表的键值

RF_SET_LISTEN_MODE_ROUTING_RSP		
数据体含义	长度	含义
状态	1 个字节	见状态总表[1]

RF_GET_LISTEN_MODE_ROUTING_CMD		
数据体含义	长度	含义
无数据		

RF_GET_LISTEN_MODE_ROUTING_RSP		
数据体含义	长度	含义
状态	1 个字节	见状态总表[1]

RF_GET_LISTEN_MODE_ROUTING_NTF				
数据体含义	长度	含义		
连续帧标识	1 个字节	0x00 这是最后一帧 0x01 这是第一帧或者中间帧,后边还有其他帧 0x02-0xFF RFU		
路由表对数	1 个字节	表示这个数据包中会有多少路由表对数(n) 如果路由表为空则返回 0x0,并且后面不会有路由表		
路由表[0..n]	x+2 字节	类型	1 个字节	路由表类型总表[8]
		长度	1 个字节	路由表键值的长度
		键值	x 个字节	路由表的键值

路由表类型总表[8]		
类型	长度	键值
0x00	3 个字节	基于射频技术的路由[9]
0x01	3 个字节	基于非接触协议的路由[10]
0x02	2+n 字节	基于应用 ID 的路由[11]
0x03	1 个字节	基于 NFCID2 的路由[12]
0x04~0x9F		RFU
0xA0~0xFF		私有保留

基于射频技术的路由[9]		
数据体定义	长度	含义
路由标识	1 个字节	NFCEE 标识表[5]
电源状态	1 个字节	0000 0x00b: x 等于 1 时表示没有电池也支持路由,反之亦然 0000 00x0b: x 等于 1 时表示关机也支持路由,反之亦然 0000 000xb: x 等于 1 时表示开机支持路由,反之亦然
射频技术	1 个字节	射频技术表[13]

射频技术表[13]	
射频技术标识	定义
0x00	NFC_RF_TECHNOLOGY_A
0x01	NFC_RF_TECHNOLOGY_B
0x02	NFC_RF_TECHNOLOGY_F
0x03	NFC_RF_TECHNOLOGY_15693
0x04～0x7F	RFU
0x80～0xFE	私有保留
0xFF	RFU

基于非接触协议的路由[10]		
数据体定义	长度	含义
路由标识	1 个字节	NFCEE 标识表[5]
电源状态	1 个字节	0000 0x00b：x 等于 1 时表示没有电池也支持路由,反之亦然 0000 00x0b：x 等于 1 时表示关机也支持路由,反之亦然 0000 000xb：x 等于 1 时表示开机支持路由,反之亦然
非接协议	1 个字节	RF 协议表[4]

基于应用 ID 的路由[11]		
数据体定义	长度	含义
路由标识	1 个字节	NFCEE 标识表[5]
电源状态	1 个字节	0000 0x00b：x 等于 1 时表示没有电池也支持路由,反之亦然 0000 00x0b：x 等于 1 时表示关机也支持路由,反之亦然 0000 000xb：x 等于 1 时表示开机支持路由,反之亦然
非接协议	5～16 个字节	应用程序的标识 ID 号

基于 NFCID2 的路由[12]		
数据体定义	长度	含义
电源状态	1 个字节	0000 0x00b：x 等于 1 时表示没有电池也支持路由,反之亦然 0000 00x0b：x 等于 1 时表示关机也支持路由,反之亦然 0000 000xb：x 等于 1 时表示开机支持路由,反之亦然

（3）开启射频扫描或者配置成某一类的射频接口和协议进行扫描,命令解释如下：

RF_DISCOVER_CMD					
数据体含义	长度	含义			
配置射频对数	1 个字节	这个数据包中后边会跟多少射频对(n) 如果只是使用已经配置好的 NFCEE,那么这个参数是可以直接配置成 0 的,参数是 0 也就是表示后边不需要带参数			
配置射 频对[0..n]	2 个字节	射频技术和模式	1 个字节	射频技术和模式总表[14]	
		射频扫描的频率	1 个字节	0x00	RFU
				0x01	每次扫描都会执行
				0x02~0x0A	表示循环多少次后会被执行 一下
				0x0B~0xFF	RFU

RF_DISCOVER_RSP		
数据体含义	长度	含义
状态	1 个字节	见状态总表[1]

RF_DISCOVER_NTF				
数据体含义	长度	含义		
射频扫描标识	1 个字节	RF 扫描标识[3]		
射频协议	1 个字节	RF 协议表[4]		
射频技术和模式	1 个字节	射频技术和模式总表[14]		
射频参数的长度	1 个字节	这个数据包中接下来的射频参数总长度		
射频参数	0~n 个字节	NFC-A 扫描方式[15] NFC-B 扫描方式[16] NFC-F 扫描方式[17]		
通知类型	1 个字节	0	最后一条通知信息	
		1	最后一条通知信息(因为 NFCC 资源限制 问题)	
		2	后边还有通知信息	
		3~255	RFU	

射频技术和模式总表[14]	
标识	定义
0x00	NFC_A_PASSIVE_POLL_MODE
0x01	NFC_B_PASSIVE_POLL_MODE
0x02	NFC_F_PASSIVE_POLL_MODE
0x03	NFC_A_ACTIVE_POLL_MODE（RFU）
0x04	RFU
0x05	NFC_F_ACTIVE_POLL_MODE（RFU）
0x06	NFC_15693_PASSIVE_POLL_MODE（RFU）
0x07～0x6F	RFU
0x70～0x7F	私有保留为其他的扫描模式
0x80	NFC_A_PASSIVE_LISTEN_MODE
0x81	NFC_B_PASSIVE_LISTEN_MODE
0x82	NFC_F_PASSIVE_LISTEN_MODE
0x83	NFC_A_ACTIVE_LISTEN_MODE（RFU）
0x84	RFU
0x85	NFC_F_ACTIVE_LISTEN_MODE（RFU）
0x86	NFC_15693_PASSIVE_LISTEN_MODE（RFU）
0x87～0xEF	RFU
0xF0～0xFF	私有保留为其他的监听模式

NFC-A 扫描方式[15]		
参数	长度	含义
SENS_RES 返回值	2 个字节	第一个字节标识 NFCID1 的长度和 SDD 第二字节标识 Tag1 配置
NFCID1 长度	1 个字节	支持的值为 4,7 或 10
NFCID1	4,7 或 10 个字节	类 UID,可以有 4,7 或 10 个字节
SEL_RES 返回长度	1 个字节	SEL_RES 返回长度为 0 还是为 1
SEL_RES 返回值	0 或 1 个字节	标识级联是否完成,是否支持 ISO1444-4 等
HRx 长度	1 个字节	HRx 返回长度为 0 还是为 2
HRx 返回值	0 或 2 个字节	如果是 2 个字节就会包含 HR0 和 HR1

NFC-B 扫描方式[16]		
参数	长度	含义
SENSB_RES 返回长度	1 个字节	SENSB_RES 返回长度为 11 还是 12
SENSB_RES 返回值	11 或 12 个字节	包含 NFCID0,应用数据和协议信息

NFC-F 扫描方式[16]		
参数	长度	含义
比特率	1 个字节	1 212kbps 2 424 kbps 0 和 3-255 RFU
SENSF_RES 返回长度	1 个字节	SENSF_RES 返回长度为 16 还是 18
SENSF_RES 返回值	16 或 18 个字节	包含 NFCID2,PAD0/1/2 和 MRTI 信息

（4）用于选择射频扫描的目标对象,不支持对 NFCEE 射频目标,主要用于对应外部的卡片或者标签,命令解释如下:

RF_DISCOVER_SELECT_CMD		
数据体含义	长度	含义
射频扫描标识	1 个字节	RF 扫描标识[3]
射频协议	1 个字节	RF 协议表[4]
射频接口	1 个字节	0x01　　　　　帧射频接口 0x02　　　　　ISO-DEP 射频接口 0x03　　　　　NFC-DEP 射频接口 0x04　　　　　LLCP 射频接口 0x05　　　　　聚合帧射频接口 0x06-0x7F　　　RFU 0x80-0xFE　　　预留位为私有位保留 0xFF　　　　　RFU

RF_DISCOVER_SELECT_RSP		
数据体含义	长度	含义
状态	1 个字节	见状态总表[1]

（5）相关射频接口激活的通知,命令解释如下:

RF_INTF_ACTIVATED_NTF		
数据体含义	长度	含义
射频扫描标识	1 个字节	RF 扫描标识[3]
射频接口	1 个字节	0x01　　　　　帧射频接口 0x02　　　　　ISO-DEP 射频接口 0x03　　　　　NFC-DEP 射频接口 0x04　　　　　LLCP 射频接口 0x05　　　　　聚合帧射频接口 0x06-0x7F　　RFU 0x80-0xFE　　预留位为私有位保留 0xFF　　　　　RFU
射频协议	1 个字节	RF 协议表[4]
激活射频的技术和方式	1 个字节	射频技术和模式总表[14]
最大数据包长度	1 个字节	从 1 到 255
初始信任标识号	1 个字节	初始信任标识号
射频参数的长度	1 个字节	这个数据包中接下来的射频参数总长度
射频参数	0~n 字节	NFC-A 扫描方式[15] NFC-B 扫描方式[16] NFC-F 扫描方式[17] NFC-A 监听方式没有参数 NFC-B 监听方式[18] NFC-F 监听方式[19]
数据交互基于的射频技术和模式	1 个字节	射频技术和模式总表[14]
数据交互基于的传输比特率	1 个字节	比特率表[21]
数据交互基于的接受比特率	1 个字节	比特率表[21]
激活参数的长度	1 个字节	这个数据包中接下来的激活参数的长度
激活参数	0~n 字节	- ISO-DEP(RATS/ATTRIB 长度和值) - NFC-DEP(ATR_RES 长度和值) - LLCP Low RF 接口(ATR_RES/ATR_REQ 长度和值) - Frame RF 和 Aggregated Frame RF 接口则没有参数 - 或者私有保留设置

NFC-B 监听方式[18]		
参数	长度	含义
SENSB_REQ 命令	0 或者 1 个字节	– 如果支持 NCI1.1,则有 AFI – 如果不支持 NCI1.1,则无参数

NFC-F 监听方式[19]		
参数	长度	含义
NFCID2 的长度	1 个字节	NFCID2 的长度为 0 还是为 8
NFCID 值	0 或 8 个字节	– 这个参数值针对 Frame RF 接口 – 如果是 NFC-DEP 协议,NFCID2 值则有 NFCC 产生 – 如果是 T3T 协议,NFCID2 则在激活射频接口中

（6）停止主机端或 SE 端与外部卡片之间的射频接口通讯,射频去激活的命令解释如下：

RF_DEACTIVATE_CMD		
数据体含义	长度	含义
去激活类型	1 个字节	0x00　　Idle Mode 0x01　　Sleep Mode 0x02　　Sleep_AF Mode 0x03　　Discovery 0x04-0xFF　　RFU

RF_DEACTIVATE_RSP		
数据体含义	长度	含义
状态	1 个字节	见状态总表[1]

RF_DEACTIVATE_NTF		
数据体含义	长度	含义
去激活类型	1 个字节	0x00　　Idle Mode 0x01　　Sleep Mode 0x02　　Sleep_AF Mode 0x03　　Discovery 0x04-0xFF　　RFU

续表

数据体含义	长度	含义	
去激活原因	1 个字节	0x00	主机端请求
		0x01	外部卡片请求
		0x02	射频信号连接差
		0x03	NFC-B 的 AFI 异常
		0x04-0xFF	RFU

（7）当 NFCC 接受到外部 13.56mHZ 的射频场，会发出事件信息通知给主机端，命令解释如下：

RF_FIELD_INFO_NTF		
数据体含义	长度	含义
射频场状态	1 个字节	0000 000xb： 当 x 为 1 时表示侦测到 13.56mHZ 射频场开启 当 x 为 0 时表示侦测到 13.56mHZ 射频场断开

（8）对 T3T 的 Felica 扫描发起的相关命令，响应和事件通知的解释如下：

RF_T3T_POLLING_CMD		
数据体含义	长度	含义
SENSF_REQ_PARAMS	4 个字节	2 个字节的系统代码（SC） 1 个字节的请求代码（RC） 1 个字节的时隙号码（TSN）

RF_T3T_POLLING_RSP		
数据体含义	长度	含义
状态	1 个字节	见状态总表[1]

RF_T3T_POLLING_NTF			
数据体含义	长度	含义	
状态	1 个字节	见状态总表[1]	
响应数据对数	1 个字节	这个数据包中接下来的响应数据对个数（n）	
响应数据[1..n]	m+1 个字节	长度	1 个字节	长度为 16 或 18 个字节
		SENSF_RES	m 个字节	SENSF_RES 返回值

（9）给主机端报告一些 NFCEE 的状态，命令解释如下：

RF_NFCEE_ACTION_NTF		
数据体含义	长度	含义
NFCEE 标识	1 个字节	NFCEE 标识表[5]
触发条件	1 个字节	NFCEE 触发条件表[20]
数据体长度	1 个字节	这个数据包中接下来数据体长度
数据体	n 个字节	数据体

NFCEE 触发条件表[20]	
触发代码	含义
0x00	APDU 中的 SELECT AID 中触发
0x01	基于射频协议的路由触发
0x02	基于射频技术的路由触发
0x03	基于 NFCID2 的路由触发
0x04～0x0F	RFU
0x10～0x7F	应用程序指定触发
0x7F～0xFF	RFU

（10）NFCEE 请求主机端扫描通知事件，命令解释如下：

RF_NFCEE_DISCOVERY_REQ_NTF				
数据体含义	长度	含义		
信息对个数	1 个字节	这个数据包中的信息对个数		
信息对[1..n]	x+2 个字节	类型	1 个字节	NFCEE 标识/射频技术和方式/射频协议
		长度	1 个字节	键值的长度
		键值	x 个字节	键值

（11）在射频接口已经激活后，可以通过射频更新命令进行更新，命令解释如下：

RF_PARAMETER_UPDATE_CMD				
数据体含义	长度	含义		
射频参数对个数	1个字节	这个数据中接下来的射频参数对个数		
射频参数[1..n]	x+2 个字节	标识	1 个字节	0x00 基于的射频技术和方式 0x01 基于发送的比特率 0x02 基于接受的比特率 0x03 基于 NFC-B 的数据交互配置 0x04-0x7F RFU 0x80-0xFF 私有保留
		长度	1 个字节	射频通讯的参数个长度
		键值	x 个字节	射频通讯的参数配置

RF_PARAMETER_UPDATE_RSP		
数据体含义	长度	含义
状态	1个字节	见状态总表[1]
射频参数对个数	1个字节	这个数据中接下来的射频参数对个数（n） 个数为 0x00 则正常，非 0x00 则后边跟随无效的射频标识
射频参数[0..n]	1个字节	无效的射频标识

（12）用于启动或者停止 LLCP NFCC 对称过程的命令和响应,解释如下：

RF_LLCP_SYMMETRY_START_CMD		
数据体含义	长度	含义
对方连接的超时值	1 个字节	步进时间为 10ms
己方连接的超时值	1 个字节	步进时间为 10ms

RF_LLCP_SYMMETRY_START_RSP		
数据体含义	长度	含义
状态	1 个字节	见状态总表[1]

RF_LLCP_SYMMETRY_STOP_CMD		
数据体含义	长度	含义
无数据		

RF_ LLCP_SYMMETRY_STOP_RSP		
数据体含义	长度	含义
状态	1 个字节	见状态总表[1]

（13）聚合 RF 终止命令，解释如下：

RF_AGGREGATE_ABORT_CMD		
数据体含义	长度	含义
无数据		

RF_AGGREGATE_ABORT_RSP		
数据体含义	长度	含义
状态	1 个字节	见状态总表[1]

3. NFCEE 管理命令

主机端可以发出命令通知 NFCC 射频控制器前端芯片去扫描物理上链接到的 SE 的状态，以及设置与 SE 的连接或者断开等。

（1）NFCC 射频控制器前端芯片去扫描物理上链接到的 SE 的状态，命令解释如下：

NFCEE_DISCOVER_CMD			
数据体含义	长度	含义	
扫描动作	1 个字节	0x00	关闭 NFCEE 扫描
		0x01	启动 NFCEE 扫描
		0x02-0xFF	RFU

NFCEE_DISCOVER_RSP		
数据体含义	长度	含义
状态	1 个字节	见状态总表[1]
NFCEE 的个数	1 个字节	取值范围 0-255

NFCEE_DISCOVER_NTF				
数据体含义	长度	含义		
NFCEE 标识	1 个字节	NFCEE 标识表[5]		
NFCEE 的状态	1 个字节	0x00	NFCEE 连接上了并是使能状态	
		0x01	NFCEE 连接上了但是是关闭状态	
		0x02	NFCEE 已经端开	
		0x03-0xFF	RFU	
NFCEE 协议对数	1 个字节	这个数据包中接下来的 NFCEE 协议的对数		
支持 NFCEE 协议	n 个字节	0x00	APDU	
		0x01	HCI Access	
		0x02	Type 3 Tag Command Set	
		0x03	Transparent	
		0x04～0x7F	RFU	
		0x80～0xFE	For proprietary use	
		0xFF	RFU	
NFCEE 信息对数	1 个字节	这个数据包中接下来的 NFCEE 信息 TLV 的对数		
NFCEE 信息 TLV [0..m]	x+2 个字节	类型	1 个字节	0x00 n 硬件识别标识
				0x01 n ATR 字节
				0x02 9-169 Felica 的补充信息
		长度	1 个字节	键值的长度(x)
		键值	x 个字节	键值

（2）设置与 SE 的连接或者断开，命令解释如下：

NFCEE_MODE_SET_CMD			
数据体含义	长度	含义	
NFCEE 标识	1 个字节	NFCEE 标识表[5]	
NFCEE 连接状态	1 个字节	0x00	断开此 NFCEE 连接
		0x01	开启此 NFCEE 连接
		0x02～0xFF	RFU

NFCEE_MODE_SET_RSP		
数据体含义	长度	含义
状态	1 个字节	见状态总表[1]

11.3 路由表

NFC 论坛里定义的路由表是针对在卡模拟模式下，在关机、亮屏和灭屏等情况下，外加各种射频技术、协议和应用等路由到相应的目标 NFCEE 的规则和优先机制，目前看到的主流的 NFCEE 会在 eSE、UICC 和 HCE 方案上。

路由表的大小在 CORE_INIT_RSP 响应中定义，NFCC 的路由表中永远都会至少存在一张表，如果主机端没有配置任何路由，则 NFCC 自己也需要添加一张默认的表。也就是说当在设置路由表时不能超过这个最大路由表的容量，具体的路由表格式需要查看上个章节的命令具体描述。

下面为从 NFCC 中导出来的路由表数据示例，里面一共有 9 张路由表，每张表中都标识了需要路由到目标的 NFCEE，并且有基于的是何种技术、射频或者 AID 的路由规则，还有这条路由所支持的什么时候能有效。

```
Routing Table Space：
                --0x00c8 Max size is 200 bytes
                --0x0061 Used 97 bytes
                --0x0067 Remaining 103 bytes
Routing Table Configuration：
                02 12 C0 03 A0 00 00 03 33 01
                01 06 00 03 08 00 00 5A 59 54
                02 12 C0 03 A0 00 00 03 33 01
                01 06 00 03 08 00 00 03 08 01
                02 10 C0 03 32 50 41 59 2E 53
                59 53 2E 44 44 46 30 31 02 0A
                C0 03 A0 00 00 03 00 00 00 00
                00 03 C0 C3 00 00 03 C0 C3 01
                01 03 C0 C3 04 01 03 C0 C1 A0
                01 03 00 01 05
Routing Table <1>
                --0x02 AID-based routing entry
                --0x12 Length
                --0xc0 Dynamically assigned by the NFCC
                --0x03 Switched off|Switched on
                --AID   A0 00 00 03 33 01 01 06 00 03 08 00 00 5A 59 54
```

　　　　　　　　［UnionPay e-Cash］

Routing Table ＜2＞

　　　　　　--0x02 AID-based routing entry

　　　　　　--0x12 Length

　　　　　　--0xc0 Dynamically assigned by the NFCC

　　　　　　--0x03 Switched off│Switched on

　　　　　　--AID　A0 00 00 03 33 01 01 06 00 03 08 00 00 03 08 01

　　　　　　　　　［UnionPay e-Cash］

Routing Table ＜3＞

　　　　　　--0x02 AID-based routing entry

　　　　　　--0x10 Length

　　　　　　--0xc0 Dynamically assigned by the NFCC

　　　　　　--0x03 Switched off│Switched on

　　　　　　--AID　32 50 41 59 2E 53 59 53 2E 44 44 46 30 31

　　　　　　　　　［PPSE］

Routing Table ＜4＞

　　　　　　--0x02 AID-based routing entry

　　　　　　--0x0a Length

　　　　　　--0xc0 Dynamically assigned by the NFCC

　　　　　　--0x03 Switched off│Switched on

　　　　　　--AID　A0 00 00 03 00 00 00 00

Routing Table ＜5＞

　　　　　　--0x00 Technology-based routing entry

　　　　　　--0x03 Length

　　　　　　--0xc0 Dynamically assigned by the NFCC

　　　　　　--0xc3 Screen off│Switched off│Switched on

　　　　　　--0x00 NFC_RF_TECHNOLOGY_A

Routing Table ＜6＞

　　　　　　--0x00 Technology-based routing entry

　　　　　　--0x03 Length

　　　　　　--0xc0 Dynamically assigned by the NFCC

　　　　　　--0xc3 Screen off│Switched off│Switched on

　　　　　　--0x01 NFC_RF_TECHNOLOGY_B

Routing Table ＜7＞

　　　　　　--0x01 Protocol-based routing entry

　　　　　　--0x03 Length

　　　　　　--0xc0 Dynamically assigned by the NFCC

　　　　　　--0xc3 Screen off│Switched off│Switched on

```
                        --0x04 PROTOCOL_ISO_DEP
Routing Table <8>
                        --0x01 Protocol-based routing entry
                        --0x03 Length
                        --0xc0 Dynamically assigned by the NFCC
                        --0xc1 Screen off|Switched on
                        --0xa0 For proprietary use
Routing Table <9>
                        --0x01 Protocol-based routing entry
                        --0x03 Length
                        --0x00 DH NFCEE ID,a static ID representing the DH-NFCEE
                        --0x01 Switched on
                        --0x05 PROTOCOL_NFC_DEP
```

因为会各种路由技术,会存在路由冲突的情况,所以在 NCI 标准中也定义了它们之间的优先级关系。

(1) 第一优先级:当外部的 PCD 发过来的 APDU 数据中有选择的 AID 命令,并且与路由表中的 AID 匹配,则 NFCC 会把之后的外部 PCD 发过来的 APDU 交互的数据直接路由到对应的目标 NFCEE 上去。

(2) 第二优先级:如果外部的 PCD 没有精准匹配到 NFCC 路由表中的 AID,NFCC 会去区分外部的发送过来的射频协议进行目标路由 NFCEE 分配。射频协议如 PROTOCOL_SELECT_7816_AID,ISO-DEP 或者 NFC_DEP。

(3) 第三优先级:如果第二优先级也找不到对应的匹配对象,则 NFCC 会根据射频接口标准进行匹配和路由,射频接口标准如 NFC-A,NFC-B 或 NFC-F。

12 ISO14443 协议详解

在国际标准定义中,有关于非接触式卡主要有三大类:

➤ ISO/IEC 10536 CICC (Close-coupled cards) 密耦合卡片;

➤ ISO/IEC 14443PICC (Proximity cards) 近耦合卡片;

➤ ISO/IEC 15693 VICC (Vicinity cards) 疏耦合卡片。

它们在技术架构上有些相似的部分,但是技术细节上还是有比较大的区别。

本章节只对近耦合卡片 ISO/IEC 14443 标准进行解析。

在 ISO/IEC 7810 规范中推荐定义了三类标准卡片的尺寸,包括长度、宽度和厚度,如表 12.1 所列。

表 12.1 ISO/IEC 7810 规范定义的卡片尺寸

卡类型	宽度/mm	高度/mm	厚度/mm
ID-1	85.60	53.98	0.76
ID-2	105.00	74.00	0.76
ID-3	125.00	88.00	0.76

平时应用比较广泛的公交卡和银行卡使用的是 ID-1 的尺寸,这里有一张非接触卡片的示意图,如图 12.1 所示。

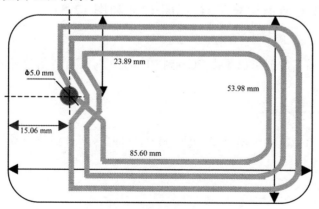

图 12.1 非接触卡片示意图

ID-1 近耦合卡片(PICC)由芯片、天线和耦合器件三部分组成。当卡片在靠近近耦合读头(PCD)时,读头提供的射频场会有两个功能,一为提供给卡片正常工作的能量,二为在射频场中附加相关的通信命令,卡片当吸收正常的能量后会启动工作并对读头发过来的命令进行相应响应处理(调制载波频率在 13.56 MHz±7 kHz 之间)。

12.1 Type A,B 调制方式

在 ISO14443 协议中定义了两种信号通信接口 Type A 和 Type B,它们从射频信号层开始到防冲撞协议都是有不同定义的,再到数据交互层它们都是一样使用 ISO7816-4 APDU 指令。当 PCD 读头在发起读卡交易时,它会对 PICC 发起 Type A 和 Type B 的轮询操作,最终是选用哪种通信方式,由 PCD 和 PICC 双方应答握手协商决定。

1. Type A 的通信信号示意(见图 12.2 和图 12.3)

(1) 从 PCD 到 PICC

从图 12.2 通信波形可以看出 PCD 到 PICC 的 Type A 通信信号的逻辑 0 和逻辑 1 是如何编码的。

(2) 从 PICC 到 PCD

从图 12.3 通信波形可以看出 PICC 到 PCD 的 Type A 通信信号的逻辑 0 和逻辑 1 是如何编码的。

2. Type B 的通信信号示意(见图 12.4 和图 12.5)

(1) 从 PCD 到 PICC

从图 12.4 通信波形可以看出 PCD 到 PICC 的 Type B 通信信号的逻辑 0 和逻辑 1 是如何编码的。

(2) 从 PICC 到 PCD

从图 12.5 通信波形可以看出 PICC 到 PCD 的 Type B 通信信号的逻辑 0 和逻辑 1 是如何编码的。

振幅键控ASK 100%，米勒编码Miller Coded，波特率Baudrate 106kbit/s

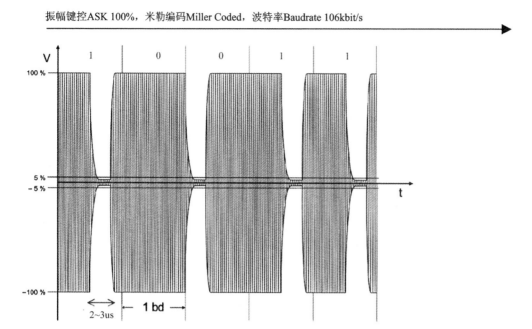

图 12.2 从 PCD 到 PICC(Type A)

副载波的负载调制Subcarrier load modulation, 曼彻斯特编码 Manchester Coded, 波特率Baudrate 106kbps

图 12.3 从 PICC 到 PCD(Type A)

振幅键控ASK 10 %, 非归零编码NRZ-L Coded, 波特率Baudrate 106kbps

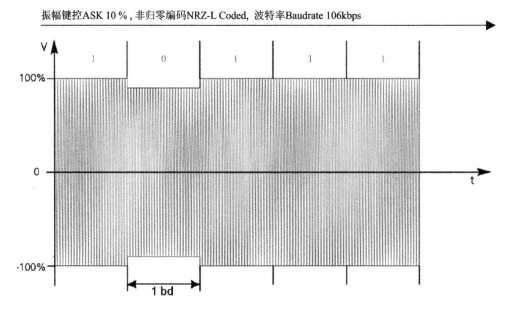

图 12.4　从 PCD 到 PICC（Type B）

副载波的负载调制 Subcarrier load modulation, 二进制相移键控非归零编码 BPSK-NRZ-L Coded, 波特率 Baudrate 106kbps

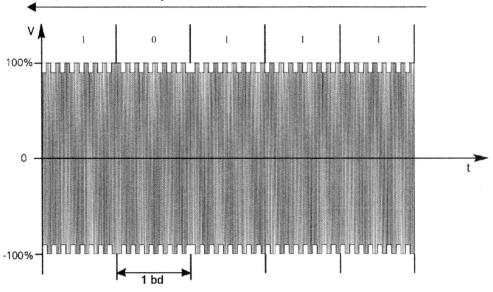

图 12.5　从 PICC 到 PCD（Type B）

12.2　Type A 帧格式

从这个章节之后重点介绍 Type A 的帧和命令格式等,如果想要了解 Type B 的信号命令定义等需要读者自己去 ISO1444 标准上查阅。Type A 主要由三种帧格式组成:短帧、标准帧和防冲撞位导向帧。

1. 短　　帧(见表 12.2)

短帧主要应用在启动通信时的一些命令,如请求或唤醒卡片等命令。

表 12.2　短帧格式

Start	LSB						MSB	End	Comment
S	b1	b2	b3	b4	b5	b6	b7	E	
S	0	1	1	0	0	1	0	E	0x26 REQA
S	0	1	0	0	1	0	1	E	0x52 WUPA
S	1	0	1	0	1	1	0	E	0x35 Timeslot[1]
S	x	x	x	x	0	0	1	E	0x40~0x4F Proprietary[2]
S	x	x	x	1	1	1	1	E	0x78~0x7F Proprietary[2]
S	x	x	x	x	x	x	x	E	RFU

[1] 这条命令为期望 PICC 在一个时间段内能够正确的响应 ATQA 指令,具体使用细节请查看标准 ISO/IEC FDIS 1444-3 Annex C,Type A timeslot。

[2] 0x40~0x4f 和 0x78~0x7F 可用于扩展定义的一些私有命令用途等。

对于这种短帧格式传输顺序为低位在前,图 12.6 是一个 REQA 命令的位解码图。

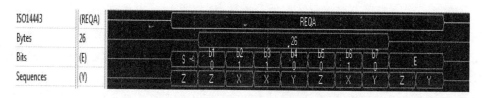

图 12.6　REQA 命令的位解码图

2. 标准帧(见表 12.3)

标准帧主要应用在平时数据交互的时候,帧格式传输顺序也是为低位在前。其中在传输的字节后会紧跟随一个位来标识当前传输字节中为 1 位的个数,如果为 1 的位的个数为单数则 P 设为 0,反之如果为 1 的位个数为双数则 P 设置为 1。图 12.7 为一条去选命令 DESELECT(0xc2e0b4),其中 0xc2 为命令,0xe0b4 为错误交易码 EDC(Error Detection Code),这里的 EDC 的算法也是基于 ISO/IEC 13239 的 CRC。

表 12.3　标准帧格式

Start	Byte 1 (8 data bits + odd parity bit)								Byte 1 (8 data bits + odd parity bit)								$_N$th byte	End
S	b1	b2	b3	b4	b5	b6	b7	P	b1	b2	b3	b4	b5	b6	b7	P	...	E
DESELECT for 0xc2e0b4																		

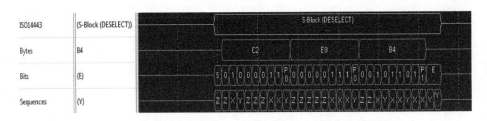

图 12.7　PESELECT 命令的位解码图

3. 防冲撞位导向帧

防冲撞位导向帧只会应用在防冲撞处理上面,当有两张 PICC 卡片回馈不同的位模式给 PCD 读头时,在这种情况下载波调制与副载波调制整个持续时间至少要一个位。在进行数据拆分时有可能发生在任何一个字节中的某一个位中,所以这里分成了两种格式来定义这种情况,一个为全字节,另外一个为拆分字节。

(1) 全字节 FULL BYTE

在某一个完整字节后进行数据拆分传输,例如图 12.8 为在第 4 个字节 uid1 传输完后发生了拆分传输,那么就要在第一部分 PCD 给 PICC 传递的第 4 个字节上加上

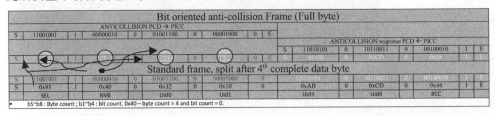

图 12.8　全字节

结束标识,并且在第二部分 PICC 给 PCD 传递的后继数据中的第一个数据前要加上开始标识,其他数据部分保持不变。

（2）拆分字节 SPLIT BYTE

拆分字节发生在某一个字节之间,例如图 12.9 发生在第 3 个字节 uid0 的第 5 个位后,则第一部分 PCD 给 PICC 传送就会在第 3 个字节的第 5 个位后加上结束标识,而 PICC 回给 PCD 时就需要把 uid0 后面少掉的 3 个位补回去并在这个回补位前加上起始标识,此回补位的奇偶校验位不用做参考,之后的其他数据部分保持不变。

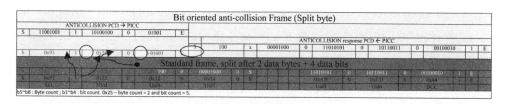

图 12.9　拆分字节

图 12.10 是一个普通一级防冲撞的位解码图,PICC 支持的为 4 个字节的 UID。

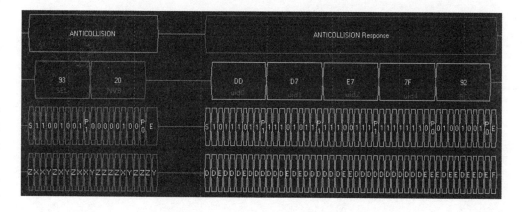

图 12.10　普通一级防冲撞的位解码图

12.3　Type A 激活过程

在 PCD 读头和 PICC 卡片之间需要进行一个相互握手和激活的过程,建立成功后大家也就会按照之前握手好的参数进行上层的应用数据的交互,而这个章节重点把 Type A 卡片建立通信的全过程分解一下。

> 首先 PCD 读头与 PICC 卡片之间会进行唤醒请求 request，一或三级防冲撞处理 anticollision 和选中处理。

> PICC 卡片被选中后，需要回复 SAK 信息告诉接下来的操作是按 ISO14443-4 来走还是走一些私有标准（非 ISO14443-4 的标准）等，例如市面上常用的 Mifare 卡就会在这里开始进行分支处理了。

> 到了这个环节后 PICC 卡片是可以进入一个 HALT 的状态，PCD 读头有需要时是可以进行唤醒操作的。

> 当 PCD 读头得到 SAK 后并分析回复命令是否符合 ISO14443-4 的协议，如果符合就会对 PICC 卡片发起 RATS 命令操作，告诉 PICC 卡片方 PCD 所能接收的最大的帧数据长度是多少等。

> PICC 卡片方在得到 RATS 命令后，也会把 PICC 能支持的最大的帧数据长度，波特率，是否支持 TA/TB/TC，帧数据保护时间 SFG（Start-up frame guard time），帧数据等待时间 FWT（Frame waiting time），是否支持节点地址位 NAD（Node Address），是否支持卡标志位 CID（Card Identifier）等信息包装在 ATS 中，把 ATS 数据返回给 PCD 读头。

> PCD 读头会在接收完 PICC 回复过来的 ATS 数据后，如果对方不支持 PPS 的 D 参数的修改，那么它们双方就直接进入应用数据交互即可；如果需要支持 PPS 的参数协商，那么 PCD 会发起 PPS 的参数给 PICC 卡片进行协商。

> 当 PICC 卡片接收到 PPS 的请求时，需要回复一个应答信号。这样双方的全部交互协商过程就已经完成，接下来的应用级的数据交互时序都会按照这个协商好的参数来进行。

图 12.11 为一个 Type A 协议的 PCD 读头与 PICC 卡片之间建立交互的全部过程，其中在市面上有一些私有卡片产品如 Mifare 产品，在前面的 ISO14443 防冲撞前全部的交互流程是一样的，只是在数据交易层与标准的 ISO14443 卡片有了不同的处理。

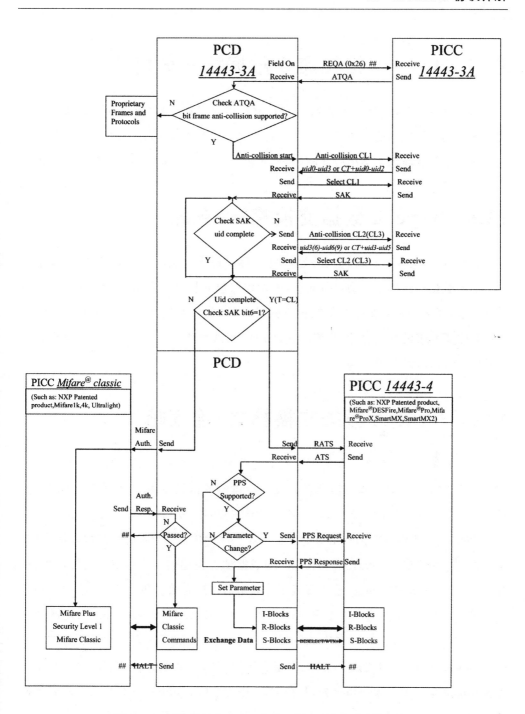

图 12.11　PCD 读头与 PICC 卡片之间建立交互的全部过程

12.4 Type A 相关命令数据格式分析

这里重点把 Type A 卡片的各个交互流程指令做在一起，方便读者在遇到指令集疑虑时能方便快速的查找指令含义。限于本书的开本尺寸，此节内容以 PDF 形式存放在北京航空航天大学出版社网站的"下载专区"相关页面，请读者自行下载查阅。

12.5 Type A 数据交换格式-单帧

在 PCD 读头和 PICC 卡片已经握手协商后，进入真正的应用数据交互，就会使用下面的数据格式（T=CL）进行通信，如果数据包的长度没有超过双方之前的协商好的长度，那么就是会在一个单帧包里完成，否则就需要进行下一个章节的连续帧处理。限于本书的开本尺寸，此节内容以 PDF 形式存放在北京航空航天大学出版社网站的"下载专区"相关页面，请读者自行下载查阅。

12.6 Type A 数据交换格式-连续帧

有一种情况是传输的一帧数据要超过之前 PCD 和 PICC 双方协商好的帧长度，例如下方 PCD 和 PICC 双方协商好的最大传输帧数据长度为 10 个字节，而需要传送的字节长度为 16 个字节（0x000102030405060708090A0B0C0D0E0F），再加上必要的 PCB 头和 EDC 尾，所以对应的发送方送这一次的传输需要拆分成三次才能完成。第一次把 7 个字节（0x00010203040506）的数据加上头尾的 3 个字节一起传输出去，并在 PCB 中 bit5（Chaining）位上置成了 1 表示后续还有数据和 bit1（Block number）设置成 0；第二次把后边的 7 个字节（0x0708090A0B0C0D）的数据加上头尾的 3 个字节一起传输出去，并在 PCB 中 bit5（Chaining）位上置成了 1 表示后续还有数据和 bit1（Block number）设置成 1；第三次把后边遗漏的 2 个字节（0x0E0F））的数据加上头尾的 3 个字节一起传输出去，并在 PCB 中 bit5（Chaining）位上置成了 0 表示此数据为最后一包数据和 bit1（Block number）设置成 0。而相对于接收方则在接收到每一次完整数据后需要有应答处理，并且需要把传输的分段数据组装起来。见图 12.12。

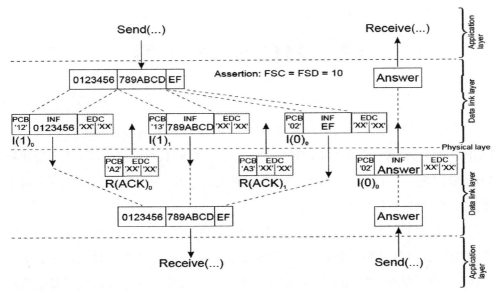

符合含义Notation:

I(1)X I-block with chaining bit set and block number x (括号中间的为是否连续数据标识位，1为后边
　　还有数据，后方的X为块数据0和1交替出现)

I(0)X I-block with chaining bit not set (last block of chain) and block number x(括号中间的为是否连续
　　数据标识位，0为后边没有数据，后方的X为块数据0和1交替出现)

R(ACK)X R-block that indicates a positive acknowledge.(应答回复，其中的X为接收到的对于的块
数据号，也只是会0和1交替出现)

图 12.12　连续帧

13   I²C 协议详解

　　主流的 NFC 射频控制器前端芯片与应用处理主机端的接口有 I²C、SPI 和 UART 串口协议等。其中的 I²C 接口由于在硬件连线、数据协议和速率上面能比较好地满足 NFC 接口的要求,目前主流的 NFC 设备大部分基于 I²C 的接口,所以这个章节把这个接口协议也介绍一下。

　　I²C 英文发音为"i-squared cee"或者"i-two cee"。I²C 接口协议在许多领域有着广泛的应用,特别是在一些接口性和功能性的一些芯片上,这个协议在许多的书籍里都有相应的介绍。在 NFC 领域存在一种情况为从端(NFC 射频控制器前端芯片)有时候需要主动通知主端,例如 NFC 设备的系统休眠后靠近 PCD 读头,NFC 射频控制器前端芯片需要主动通知主机端,主机端收到中断信号后会对从端发起一些必要的读/写操作处理。也就是说会在之前的 I²C 总线 SDA 和 SCL 上面增加一条中断信号线给主机端,这样有效地解决了 I²C 协议主从概念的限制。

13.1   I²C 简介

➢ 硬件连接方面有两根双向总线:

* 串行数据 SDA (serial data);
* 串行时钟 SCL (serial clock)。

➢ 每个芯片都会定义自己的器件地址(确实可能会有 I²C 总线上器件冲突的情况,所以大部分的芯片都支持地址可配置)。

➢ 支持多主机总线仲裁功能。

➢ I²C 的工作速率如表 13.1 所列。

表 13.1 I²C 的工作速率

参　　数	标准模式	快速模式	高速模式	
比特率/kbps	0～100	0～400	0～1700	0～3400
负载电容/pF	400	400	400	100
上升时间/ns(见图 13.1)	1000	300	160	80
过冲时间/ns(见图 13.1)	N/A	50	10	10
地址位	7～10	7～10	7～10	7～10

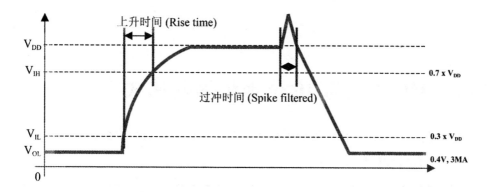

图 13.1 上升时间和过冲时间

13.2 I²C 拓扑结构

I²C 中的时钟和数据两根线一般使用漏极开路设计（Open Drain）或集电极开路（Open Collector）设计,平时即为高阻状态,适用于输入和输出,可独立输入和输出低电平和高阻状态。若需要产生高电平,则需使用外部上拉电阻或使用如电平转换芯片,这种设计具有较大的驱动能力。图 13.2 示例了一个通用智能设备在一组 I²C 上所挂的 I²C 从设备的拓扑结构。

➢ 总线上的从器件定位是通过唯一的 I²C 器件地址来锁定的。

➢ I²C 器件地址目前主流的设置为:大部分位在出厂时已经设定完成,少数的位可以在设计硬件时进行置高置低的配置,这也就增添了设计的灵活性。

➢ 如果同一个 I²C 从设备器件地址是可配置的,那么同一组总线上面是可以挂多个相同的 I²C 从设备的,只是把它们配置成不同的器件地址而已。

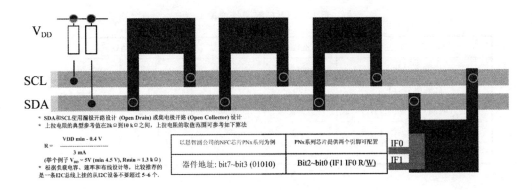

图 13.2   I²C 拓扑结构

13.3   I²C 7 位与 10 位地址编码格式

不管是 7 位或者 10 位地址编码都是在正常的 I²C 起始命令之后。

（1）7 位地址编码格式：

起始位	7 位	1＝R；0＝W	1 个从设备	跟随的实际数据体
S	xxxx xxx	R/W	ACK	Data…

（2）10 位地址编码格式：

起始位	10 位（2 MSBs）	1＝R；0＝W	多个从设备	10-bit（8 LSBs）	1 个从设备	跟随的实际数据体
S	11110 xx	R/W	ACK	xxxx xxxx	ACK	Data…

13.4   I²C 读/写

下图为从 I²C 从设备上读取数据的一个顺序图：

起始位	从设备器件地址	1＝R；0＝W	从设备	数据体	主设备	数据体	主设备	停止位
S	7 位/10 位	1	ACK	xxxx xxxx	ACK	xxxx xxxx	ACK	P

下图为给 I²C 从设备上写入数据的一个顺序图：

起始位	从设备器件地址	1=R;0=W	从设备	数据体	从设备	数据体	从设备	停止位
S	7 位/10 位	0	ACK	xxxx xxxx	ACK	xxxx xxxx	ACK	P

13.5 I²C 总结

I²C 通信协议十分简洁高效,而且一般主流的各种接口或功能型的器件也都支持快速或高速模式,各种应用非常广泛,所以掌握和分析 I²C 时序的能力对掌握 NFC 整个协议也很有必要。这也是为什么在这里还特意抽出一些篇幅来介绍这个底层的通信协议的原因。下面把 I²C 的通信协议定义和属性做一个总结性的介绍。

➢ 起始位(Start):

在时钟信号(SCL)为高时,数据信号(SDA)从高变低谓之 I²C 通信的起始位。

➢ 结束位(Stop):

在时钟信号(SCL)为高时,数据信号(SDA)从低变高谓之 I²C 通信的结束位。

➢ 应答信号 ACK(Acknowledge):

• 应答回复需在第 9 个时钟周期且为高时。

• 此刻的发送器对数据信号线 SDA 进行释放,由于上拉原因信号会保持在高电平。

• 接收器在确认接收到一个正常的字节数据后,会对数据信号线 SDA 拉低表示应答。

➢ 数据信号(每 8 位为一个数据包,高位在前的原则,数据包里可以包含地址、命令和数据信息):

• 在时钟信号(SCL)为高时,数据信号(SDA)稳定的逻辑状态。

• 在时钟信号 (SCL) 为低时,数据信号(SDA)才能进行逻辑电平切换。

• 传输的字节数是没有限制的。

➢ 时钟信号(由主机端产生):

• 没有最小的速率限制,但有最大的速率限制。

• 接收器可以把时钟信号(SCL)拉低,例如在执行一些特殊的功能时,发送器就会进入一个等待模式。

• 主机端可以调节相应的速率,只要在最大的速率范围内,调节的时钟周期并没有限制。

> 仲裁：

- 主端可以开始传输的唯一条件为总线为空闲状态（不在起始位和结束位之间的状态）。
- 在相同的时间内多个主机端可以发起传输。
- 仲裁是在信号线（SDA）上完成的。
- 主机端在失去仲裁后需要立刻停止发送数据。

两个或两个以上的主端会同时发起开始命令，SDA 线的仲裁是建立在总线具有线"与"逻辑功能的原理上，节点在发送 1 位数据后，比较总线上所呈现的数据与自己发送的是否一致，是，就继续发送；否则，就会退出竞争，整个过程与从端无关。图 13.3 为一个竞争仲裁的过程，在主端 1 发送到第 3 个位时发现数据与自己要发送的不符，之后就主动退出仲裁结束。

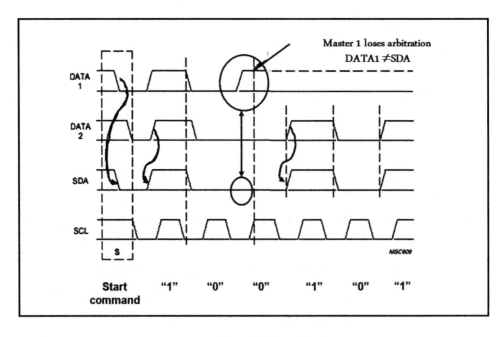

图 13.3　竞争仲裁过程示意图

这里是一张以恩智浦公司的 NFC 的 PNx 系列为例的 I^2C 参考时序图（PNx 芯片的器件地址设置为 0x50），当 PNx 芯片有数据要通知到主端时会拉高中断信号线。限于本书的开本尺寸，此节内容以 PDF 形式存放在北京航空航天大学出版社网站的"下载专区"相关页面，请读者自行下载查阅。

14   卡片和标签

之前的章节把 NFC 工作时会涉及的相关接口和数据协议都过了一遍,本章把 NFC 设备与外部卡片或者标签进行通信时的一些技术规范介绍一下。因为市面上现有主流的一些非接触的卡片,除了标准的 CPU 卡片外,还有一些是某些公司的专利产品。而这些逻辑加密产品大部分集中在一些行业应用领域,也恰恰是这些产品比较让从业者困扰,同样一个东西可能就有几个名称和叫法。所以下面的篇幅也选取一些特别的典型的卡片和标签进行介绍。

14.1   Mifare（ISO/IEC 14443）

Mifare 是恩智浦公司注册的一个商标产品,泛指一系列的有 Mifare Ultralight、Mifare Classic 和 Mifare DESfire 等的产品,目前主要应用在门禁、公交等行业领域。在之前的章节讲过 Mifare 产品遵循 ISO14443 协议只是到第三层初始化和防冲撞,到 ISO14443 协议的第四层标准的 ISO14443 卡片与 Mifare 就会是两个不同的处理规范了,前者遵循标准的 ISO14443 协议,后者则遵循私有产品的规范。

刚刚讲到 Mifare 是恩智浦公司注册比较宽泛的商标系列,其中的 Mifare Plus、Mifare DESfire 产品族就不只是支持到 ISO14443 协议的初始化和防冲撞第三层,在数据交互协议层也都符合 ISO14443 协议。这里把恩智浦公司定义一系列的逻辑加密卡和 CPU 卡(SmartMX)的相关参数做一个比较,如表 14.1 所列。

表 14.1   相关参数比较

特征	Ultralight	Ultralight C	Classic	Plus	DESfire	SmartMX
硬件加密算法	-	3DES	Crypto1	Crypto1,AES	3DES,AES	3DES,AES,PKE
EEPROM 容量	64bytes	192bytes	320bytes 1kbytes 4kbytes	2kbytes 4kbytes	2kbytes 4kbytes 8kbytes	4kbytes~ 1M3bytes

113

特征	Ultralight	Ultralight C	Classic	Plus	DESfire	SmartMX
特别功能支持	-	-	-	兼容 MIFARE Classic	-	兼容 MIFARE Classic
认证级别	-	-	-	CC EAL 4+	CC EAL 4+	CC EAL 5+
ISO14443-4	-	-	-	Y	Y	Y
ISO 14443-3	Y	Y	Y	Y	Y	Y
ISO 14443-2	Y	Y	Y	Y	Y	Y
ISO 14443-1	Y	Y	Y	Y	Y	Y

注：Y 表示支持,-表示不支持。

14.2　Mifare Ultralight MF01CU1（Type 2 Tag）

这里以恩智浦公司的 MF01CU1 产品为例来介绍 Mifare Ultralight 的一些相关通用特性。MF01CU1 产品支持的容量一共为 64 个字节,容量由 16 页的 4 个字节组成（16 pages×4 bytes＝64 bytes）,数据传输速率为 106 kbps,芯片支持 1 万次的擦写次数,静态数据可保持 5 年左右。

下面为基于 NFC 的手机通过应用软件,把存储在 Mifare Ultralight 上面的 NDEF 数据格式,也就是我们所说的 Type 2 标签读出来并进行如下的示例分析。

==

UID：04B35F29B12580

//表示这个标签的 UID 为 7 个字节的类型,下方会有 UID 的具体分析

ATQA：0x4400

// MIFARE@ Ultralight（0x0044）

SAK：0x00

//MIFARE@ Ultralight（0x00）CL＝2

[00] * 04 B3 5F 60

//块区 0 前三字节为 UID0-UID2,恩智浦公司对这款 MIFARE Ultralight 产品的 UID 的第一个字节做了一个固化处理,定成了 0x04,后边的一个字节为 BCC0,这里的 BCC0 的算法为 0x88 Xor 04 Xor B3 Xor 5F＝0x60

［01］＊29 B1 25 80

//块区 1 的后四字节为(UID3-UID6)

［02］.3D 48 00 00

//块区 2 的第一字节为 BCC1,这里的 BCC1 的算法为 0x29 Xor 0xB1 Xor 0x25 Xor 0x80＝0x3D,第二字节为 INT(Internal data),后面的两个字节为 LOCK0-LOCK1,下表为锁定字节位定义:

锁定字节 0(Lock byte 0)								锁定字节 1(Lock byte 1)							
b7	b6	b5	b4	b3	b2	b1	b0	b7	b6	b5	b4	b3	b2	b1	b0
L	L	L	L	L	BL	BL	BL	L	L	L	L	L	L	L	L
7	6	5	4	OTP(3)	15-10	9-4	OTP	15	14	13	12	11	10	9	8

➢ Lx:表示锁定的页码数,逻辑 1 为锁定,一旦锁定后这个页码里的所有数据就只能读操作了。

➢ BLx:表示锁定的区域块,每 5 页为一个区域块,一旦一个区域块锁定后这 5 个页码里的数据也就将全部只能读操作了。

➢ 一旦设置为逻辑 1 锁定状态,那么这个过程就不可逆了,不能说再设置成非锁定状态。

➢ 一旦有锁定操作后,卡片需要重新复位一下命令 REQA 或 WUPA 操作,那么锁定过程就生效了。

［03］.E1 10 06 00

//块区 3 在 Mifare Ultralight 资料中定义为(OTP0-OTP3),在 NFC Forum 中则会在这个区域是否存储以后的数据为 NDEF 格式。根据表 14.2 的定义可以看出来 E1 10 06 00 为 NDEF 格式,举个例子 00 F1 2C 85 则表示后面为非 NDEF 格式的数据。

表 14.2　NDEF 数据头定义表

Byte 0	Byte 1	Byte 2	Byte 3	Byte 4	Byte 5	Byte 6	Byte 7
NDEF "Magic Number"	Version Number	Tag Memory Size	Read/Write Access	Start of TLV and NDEF Message data area			
NMN	VNo	TMS	RWA	Octet 1	Octet 2	Octet 3	Octet 4
E1h	10h	0Eh	00h	-	-	-	-

图 14.1 为页码 3 的原文描述。

Page 03h is the OTP page and it is preset so that all bits are set to logic 0 after production. These bytes can be bitwise modified using the WRITE command.

This memory area can be used as a 32 tick one-time counter.

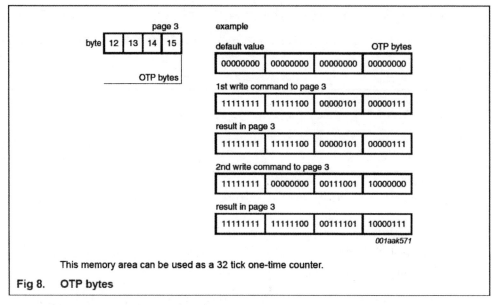

Fig 8. OTP bytes

The WRITE command bytes and the current contents of the OTP bytes are bitwise OR'ed. The result is the new OTP byte contents. This process is irreversible and if a bit is set to logic 1, it cannot be changed back to logic 0.

图 14.1 页码 3

- 页码 3 为 OTP 页 Page 03h，这个页码里的所有位都会设置成逻辑 0（在芯片出厂后）。
- 一旦设置为逻辑 1 锁定状态，那么这个过程就不可逆了，不能说再设置成非锁定状态。
- 这个区域也是可以应用作一个 32 次的计时器，因为不可逆的属性所以也只能是一次性的用途，不能重新再来。

[04].03 0C D1 01

//块区 4，这里起存储的为 TLV 的数据格式（见表 14.3）

-----Tag，Length，Value（TLV）----

03 0C

表 14.3 TLV 数据格式

标　签	TLV 类型	描　　述
0x00 *	NULL TLV	表示为空类型,通常情况后面不会有相应的数据,但有些情况下如对齐和填充内存等,后面有可能会跟随数据,总之 NFC 设备可以忽略它
0x01	Lock Control TLV	定义锁定字节
0x02	Memory Control TLV	标识保留内存区域
0x03	NDEF TLV	包含 NDEF 消息
0xFD	Proprietary TLV	标签私有信息
0xFE *	Terminator TLV	数据块中的最后一帧 TLV

0x0C：D1 01 08 55 01 6E 78 70 2E 63 6F 6D

0xFE,0x00 *

-----Tag,Length,Value(TLV)----

-----NDEF,RTD,URL----

D1：1101 0001

1：表示为这是单帧消息(包含帧消息开始位)

1：表示为这是单帧消息(包含帧消息结束位)

0：单帧消息,后面无连续帧

1：表示数据体长度(PAYLOAD LENGTH)占用一个字节,也就是说数据体最多为 255 个字节

0：表示标示长度位(ID LENGTH)和标志(ID)这两个位都会省略

001：表示为 NFC 论坛定义的类型

01：指示为类型(TYPE)的长度,最大到一个字节

[05].08 55 01 6E

//块区 5

08：表示有 8 个字节的数据体长度

55：数据类型为 ASCII 码 U

NFC 论坛定义了两大数据类型,一类为全球适用的类型,另外一类则可以定义并只适用于在某些区域,具体的命名规则如下：

➢ NFC 论坛定义的全球适用类型：此类型的命名规则第一个字母应该要从大

117

写开始,例如"U","Cfq","Trip-to-Texas"。

> NFC 论坛定义的区域适用类型:此类型的命名规则第一个字母应该要从小写开始,或者第一个字节从数字开始,例如"0","foo","u"。

NFC 论坛定义的 URI 的类型记录为"U",下面为 0x55 在 NDEF 格式数据的定义:

定　义	偏　移	值	描　述
标识码(协议域)	0	URI 标识码	表示为 URI 的标识码,下方表格中有具体介绍
URI 域	1~N	UTF-8 字符	剩下的 URI 字符,或者当 URI 标识码为 0x00 时则表示整条都使用这里的字符

标识码(协议域)

十六进制	URI 标识码
0x00	表示无标识码,所有的 URI 数据都会直接由 URI 域指定
0x01	表示为 http：//www.
0x02	表示为 https：//www.
0x03	表示为 http：//
0x04	表示为 https：//
0x05	表示为 tel：
0x06	表示为 mailto：
0x07	表示为 ftp：//anonymous：anonymous@
0x08	表示为 ftp：//ftp.
0x09	表示为 ftps：//
0x0A	表示为 sftp：//
0x0B	表示为 smb：//
0x0C	表示为 nfs：//
0x0D	表示为 ftp：//
0x0E	表示为 dav：//
0x0F	表示为 news：
0x10	表示为 telnet：//
0x11	表示为 imap：
0x12	表示为 rtsp：//
0x13	表示为 urn：

续表

十六进制	URI 标识码
0x14	表示为 pop:
0x15	表示为 sip:
0x16	表示为 sips:
0x17	表示为 tftp:
0x18	表示为 btspp://
0x19	表示为 btl2cap://
0x1A	表示为 btgoep://
0x1B	表示为 tcpobex://
0x1C	表示为 irdaobex://
0x1D	表示为 file://
0x1E	表示为 urn:epc:id:
0x1F	表示为 urn:epc:tag:
0x20	表示为 urn:epc:pat:
0x21	表示为 urn:epc:raw:
0x22	表示为 urn:epc:
0x23	表示为 urn:nfc:
0x24..0xFF	预留

[06]. <u>78 70 2E 63</u>

[07]. <u>6F 6D FE 00</u>*

<u>6E 78 70 2E 63 6F 6D</u>

//块区 6,7

nxp.com

-----NDEF,RTD,URL----

[08]. FF FF FF FF

[09]. FF FF FF FF

[10]. FF FF FF FF

[11]. FF FF FF FF

[12]. FF FF FF FF

［13］.　FF FF FF FF

［14］.　FF FF FF FF

［15］.　FF FF FF FF

//块区 8-15

＊：表示锁定或者阻止访问 locked & blocked

x：表示锁定 locked

＋：表示阻止访问 blocked

.：表示非锁定 un(b)locked

==

Mifare 通用命令

MIFARE Ultralight 有 4 个位定义了应答命令 ACK 和 非应答信号 NAK,具体定义如下：

编码（4-bit）	命令含义
0xA	应答命令（ACK）
0x0～0x9 and 0xB～0xF	非应答信号（NCK）

MIFARE Ultralight 产品定义的一些命令如下：

（下面通信时序的部分仅做为介绍参考,具体的时序参数需要参考具体的产品）

命令定义	ISO/IEC 14443 定义	NFC Forum 定义	操作码
Request	REQA	SENS_REQ	26h（7bit）
Wake-up	WUPA	ALL_REQ	52h（7bit）
Anticollision CL1	Anticollision CL1	SDD_REQ CL1	93h 20h
Select CL1	Select CL1	SEL_REQ CL1	93h 70h
Anticollision CL2	Anticollision CL2	SDD_REQ CL2	95h 20h
Select CL2	Select CL2	SEL_REQ CL2	95h 70h
Halt	HLTA	SLP_REQ	50h 00h
READ	-	READ	30h
WRITE	-	WRITE	A2h
COMP_WRITE	-	-	A0h

下面为单条命令介绍：

命令	ISO/IEC 14443 定义	操作码
Request	REQA	26h（7 bit）

命令	操作码	参数	数据	完整性检查机制	命令回复
REQA	26h(7bit)	-	-	对比检查（parity）	ATQA 44h

REQA 命令的时序图如下：

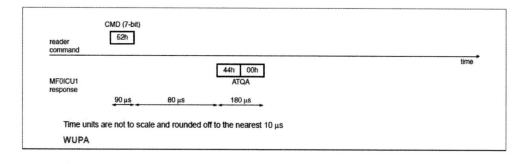

Wake-up　　　　　　　　WUPA　　　　52h（7 bit）

命令	操作码	参数	数据	完整性检查机制	命令回复
WUPQ	52h(7bit)	-	-	对比检查（parity）	ATQA 44h

WUPQ 命令的时序图如下：

| Anticollision CL1 | Anticollision CL1 | 93h 20h |
| Select CL1 | Select CL1 | 93h 70h |

命令	操作码	参数	数据	完整性检查机制	命令回复
ANTICOLI	93h	20h~67h	-	对比检查（parity）	CT＋块区 0
SELECT	93h	70h	上一条命令回复	CRC0，1	SAK（04h）＋CRC0，1

ANTICOLI 和 SELECT 93 命令的时序图如下：

```
                    CMD   ARG
reader
command             93h   20h
                                                                              time

                                      88h  SN0  SN1  SN2  BCC1
MF0ICU1                               CT       UID of cascade level 1
response      ←─ 190 μs ─→ ←─ 80 μs ─→ ←────── 430 μs ──────→

Time units are not to scale and rounded off to the nearest 10 μs
Cascade level 1: ANTICOLLISION command
```

```
              CMD  ARG  CT    UID of cascade level 1        CRC
reader
command       93h  70h  88h  SN0  SN1  SN2  BCC1  C0  C1
                                                                              time
                                                       04h  C0  C1
MF0ICU1                                                SAK     CRC
response      ←──────── 780 μs ────────→ ←─ 80 μs ─→ ←─ 260 μs ─→

Time units are not to scale and rounded off to the nearest 10 μs
Cascade level 1: SELECT command
```

| Anticollision CL2 | Anticollision CL2 | 95h 20h |
| Select CL2 | Select CL2 | 95h 70h |

命令	操作码	参数	数据	完整性检查机制	命令回复
ANTICOLI	95h	20h~67h	-	对比检查（parity）	块区 1＋块区 2［BCC］
SELECT	95h	70h	上一条命令回复	CRC0，1	SAK（00h）＋CRC0，1

ANTICOLI 和 SELECT 95 命令的时序图如下：

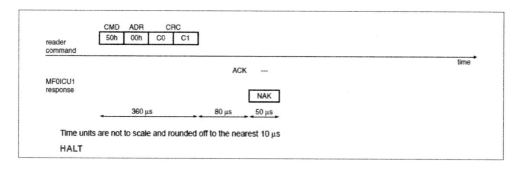

Cascade level 2: ANTICOLLISION command

Cascade level 2: SELECT command

Halt   Halt   50h 00h

命令	操作码	参数	数据	完整性检查机制	命令回复
HALT	50h	00h	-	CRC0,1	ACK,NAK

HALT 命令的时序图如下：

MIFARE Read   -   30h

命令	操作码	参数	数据	完整性检查机制	命令回复
READ	30h	00h~0Fh	-	CRC0,1	16bytes＋CRC0,1

MIFARE READ 命令的时序图如下：

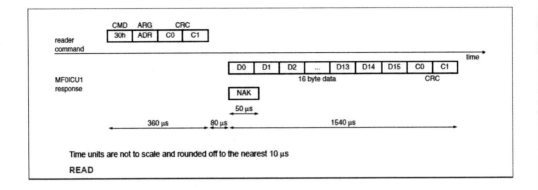

MIFARE Write（Compatibilty-W）   A2h（A0h））

命令	操作码	参数	数据	完整性检查机制	命令回复
WRITE	A2h	00h～0Fh	4 字节	CRC0,1	NAK/AK(ACK)
C-WRITE *	A0h	00h～0Fh	16 字节	CRC0,1	NAK/AK(ACK)

* 对于每页支持 4 个字节的 Mifare 芯片，如果在使用这条命令时即使传送了 16 个字节，实际上在芯片端也只会处理字节 0～3，其他的字节 4～F 会被忽略，所以在这种情况下的操作建议字节 4～F 设置到 0x00。

MIFARE WRITE 命令的时序图如下：

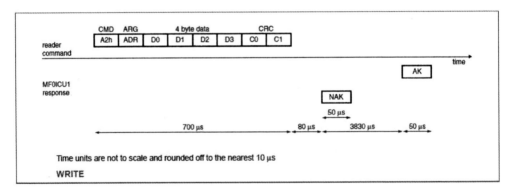

MIFARE COMPATIBILITY WRITE 命令的时序图如下：

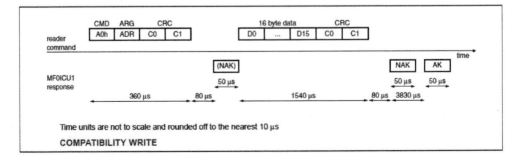

上面的命令为 Mifare 芯片族的共有命令,下面的命令则只是适用于 Mifare Ultralight C 和 Mifare Classic。

Authentication with Key A	-	60h
Authentication with Key B	-	61h
Personalize UID Usage	-	40h
MIFARE Decrement	-	C0h
MIFARE Increment	-	C1h
MIFARE Restore	-	C2h
MIFARE Transfer	-	B0h

14.3　Mifare Classic MF1S50(M1)

这里以恩智浦公司的 MF01S50 产品为例来介绍 Mifare Classic 的一些相关通用特性。Mifare Classic 在某些场景下会被简称为 M1 卡,这里举例介绍的 MF01S50 由 16 个扇区组成,每个扇区会有 4 个区块,每个区块则由 16 个字节组成,所以这个芯片一共为 1K 字节大小(4 blocks×16 sectors×16 bytes=1024 bytes),图 14.2 为芯片的内存布局图。

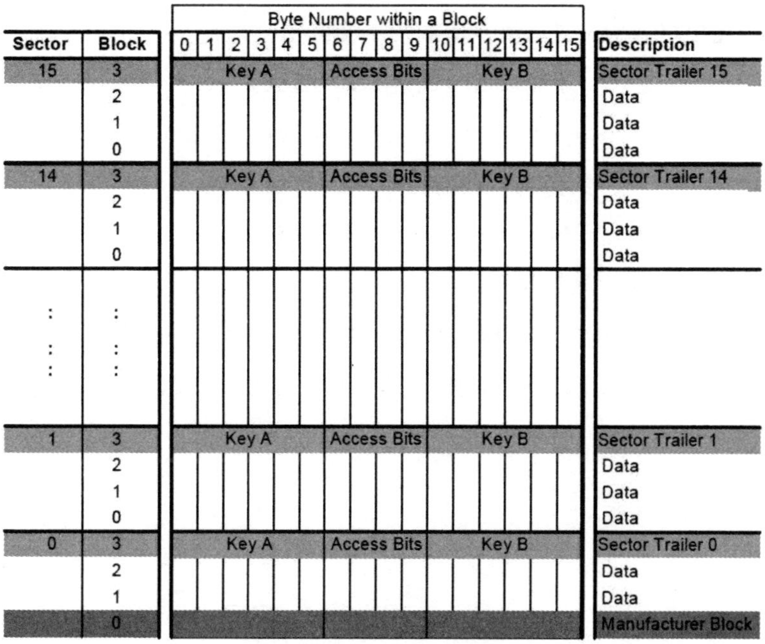

图 14.2　芯片的内存布局图

125

这里通过工具软件把一个 Mifare Classic 的芯片数据全部读出来，示例如下：

UID：0x424f9b05

//表示这个标签的 UID 为 4 个字节的类型

ATQA：0x0400

// MIFARE@ 1k（0x0004）

SAK：0x08

// MIFARE@ 1k（0x08）

0424F9B0593880400C08F765159204011

//区块 0，此区块为出厂预配置块，只支持读访问不支持写操作

UID 为 0x424F9B05，检查字节为 0x93，后边的数据 0x880400C08F765159204011 则为工厂预置的私有数据。

1   0000000000000000000000000 00000000   Data Block

//区块 1，此区块为数据块，可支持读写操作

如果把这个数据块当成金额块来运作，则字节分布为前 4 字节为实际值，紧接着的 4 个字节对实际值进行取反，再接下来又是 4 个字节的实际值；最后的 4 个字节则记录地址信息，地址记录格式顺序则为地址、地址取反、地址、地址取反。

上方数据串格式为：实际值   值取反   实际值   地址

地址取反   地址   地址取反

2   00000000000000000000000000000000   Data Block

//区块 2，此区块为数据块，可支持读写操作

3   000000000000FF078069FFFFFFFFFFFF

//区块 3，此区块为尾部块

前面的数据 0x000000000000 为 Key A，0xFF078069 为访问控制位（Access Bits），后面的 0x FFFFFFFFFFFF 则为 Key B（可选项，也可以用作数据存储）。

（1）访问控制位的描述如下（Access conditions）

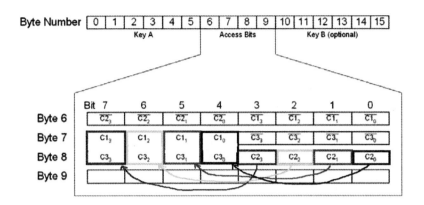

从上图可以看出，实际上字节 6，7，8 存储了实际的控制位，并且有一半的空间存储了控制位取反数据，下表为组合块的访问控制位所能支持的有效命令：

访问控制组合	有效命令	描　述
$C1_3$ $C2_3$ $C3_3$	Read/write	尾部块 3（Sector trailer）
$C1_2$ $C2_2$ $C3_2$	Read/write/Increment/Decrement /Transfer/Restore	数据块 2（Data block）
$C1_1$ $C2_1$ $C3_1$	Read/write/Increment/Decrement /Transfer/Restore	数据块 1（Data block）
$C1_0$ $C2_0$ $C3_0$	Read/write/Increment/Decrement /Transfer/Restore	数据块 0（Data block）

具体访问控制位组合含义如下：

① 针对尾部块（Sector trailer）访问控制位描述：

访问控制组合			KEYA		访问控制位		KEYB		备　注
C1	C2	C3	读	写	读	写	读	写	
0	0	0	-[1]	Key A	Key A	-	Key A	Key A	Key B 可以被读[2]
0	1	0	-	-	Key A	-	Key A	-	Key B 可以被读
1	0	0	-	Key B	Key A|B	-	-	Key B	
1	1	0	-	-	Key A|B	-	-	-	
0	0	1	-	Key A	Key A	Key A	Key A	Key A	Key B 可以被读（处传输配置的用途）
0	1	1	-	Key B	Key A|B	Key B	-	Key B	
1	0	1	-	-	Key A|B	Key B	-	-	
1	1	1	-	-	Key A|B	-	-	-	

[1] "-"表示为不可访问。

[2] 备注栏中灰底部分表示，但 KEY B 这个域当初普通数据来用，此数据是有可能能读出来的。

② 针对数据块（data trailer）访问控制位描述：

访问控制组合			读	写	充值	扣款/转移/恢复	用　途
C1	C2	C3					
0	0	0	KeyA|B[1]	KeyA|B[1]	KeyA|B[1]	KeyA|B[1]	传输配置
0	1	0	KeyA|B[1]	-	-	-	读写块操作
1	0	0	KeyA|B[1]	KeyB[1]	-	-	读写块操作
1	1	0	KeyA|B[1]	KeyB[1]	KeyB[1]	KeyA|B[1]	金额块[2]
0	0	1	KeyA|B[1]	-	-	KeyA|B[1]	金额块
0	1	1	KeyB[1]	KeyB[1]	-	-	读写块操作
1	0	1	KeyB[1]	-	-	-	读写块操作
1	1	1	-	-	-	-	读写块操作

[1] 如果 Key B 在尾部块使用被读了功能，那么上面表格中灰底部分的 Key B 不能在用作认证用途. 结论就是对于上表格灰底部分如果外边的 READER 读头还是使用 Key B 去鉴权，那么卡片侧则会拒绝后续的所有的内存访问操作。

[2] 金额块：支持充值、扣款、转移和恢复命令，例如在（'110'）的时候只能通过 Key B 去再充值；在（'001'）的情况下则只能读取余额和扣款操作，这种情况就可以作为一次的卡片用途。

4 R/W/I/D/T/R 00000000000000000000000000000000 　　Data Block

5 R/W/I/D/T/R 00000000000000000000000000000000 　　Data Block

6 R/W/I/D/T/R 00000000000000000000000000000000 　　Data Block

7 R/W 　　　　　000000000000FF078069FFFFFFFFFFFF Key A Access Bits Key B

（2）内存运行操作

命　令	描　述
读 Read/写 Write	可以读写数据块和尾部块
充值 Increment/扣款 Decrement	对一个金额块进行充值和扣款，运算完了的结果存在内部数据寄存器中
转移 Transfer/恢复 Restore	转移为把运算完的结果从内部数据寄存器写入到金额块中；而恢复操作则从金额块中读取数据到内部数据寄存器中

8 　　　00000000000000000000000000000000

9 　　　00000000000000000000000000000000

10 　　00000000000000000000000000000000

11 　　000000000000FF078069FFFFFFFFFFFF Key A Access Bits Key B

12 00000000000000000000000000000000

13 00000000000000000000000000000000

14 00000000000000000000000000000000

15 000000000000FF078069FFFFFFFFFFFF Key A Access Bits Key B

16 00000000000000000000000000000000

17 00000000000000000000000000000000

18 00000000000000000000000000000000

19 000000000000FF078069FFFFFFFFFFFF Key A Access Bits Key B

20 00000000000000000000000000000000

21 00000000000000000000000000000000

22 00000000000000000000000000000000

23 000000000000FF078069FFFFFFFFFFFF Key A Access Bits Key B

24 00000000000000000000000000000000

25 00000000000000000000000000000000

26 00000000000000000000000000000000

27 000000000000FF078069FFFFFFFFFFFF Key A Access Bits Key B

28 00000000000000000000000000000000

29 00000000000000000000000000000000

30 00000000000000000000000000000000

31 000000000000FF078069FFFFFFFFFFFF Key A Access Bits Key B

32 00000000000000000000000000000000

33 00000000000000000000000000000000

34 00000000000000000000000000000000

35 000000000000FF078069FFFFFFFFFFFF Key A Access Bits Key B

36 00000000000000000000000000000000

37 00000000000000000000000000000000

38 00000000000000000000000000000000

39 000000000000FF078069FFFFFFFFFFFF Key A Access Bits Key B

40 000000000000000000000000000000000

41 000000000000000000000000000000000

42 000000000000000000000000000000000

43 000000000000FF078069FFFFFFFFFFFF Key A Access Bits Key B

44 000000000000000000000000000000000

45 000000000000000000000000000000000

46 000000000000000000000000000000000

47 000000000000FF078069FFFFFFFFFFFF Key A Access Bits Key B

48 000000000000000000000000000000000

49 000000000000000000000000000000000

50 000000000000000000000000000000000

51 000000000000FF078069FFFFFFFFFFFF Key A Access Bits Key B

52 000000000000000000000000000000000

53 000000000000000000000000000000000

54 000000000000000000000000000000000

55 000000000000FF078069FFFFFFFFFFFF Key A Access Bits Key B

56 000000000000000000000000000000000

57 000000000000000000000000000000000

58 000000000000000000000000000000000

59 000000000000FF078069FFFFFFFFFFFF Key A Access Bits Key B

60 000000000000000000000000000000000

61 000000000000000000000000000000000

62 000000000000000000000000000000000

63 000000000000FF078069FFFFFFFFFFFF Key A Access Bits Key B

MifareClassic 命令

这里重点介绍一下 Mifare Classic 的一些 ISO1444-4 之后的命令（见表 14.4），之前的 ISO1444-3 的命令在之前的 Mifare 通用命令已经讲过，这里就不再赘述。

表 14.4 Mifare Classic 命令

Commands	ISO/IEC 14443	NFC Forum	Code
Request	REQA	SENS_REQ	26h (7bit)
Wake-up	WUPA	ALL_REQ	52h (7bit)
Anticollision CL1	Anticollision CL1	SDD_REQ CL1	93h 20h
Select CL1	Select CL1	SEL_REQ CL1	93h 70h
Anticollision CL2	Anticollision CL2	SDD_REQ CL2	95h 20h
Select CL2	Select CL2	SEL_REQ CL2	95h 70h
Halt	HLTA	SLP_REQ	50h 00h
READ	-	READ	30h
WRITE	-	WRITE	A2h
COMP_WRITE	-	-	A0h
Auth with Key A	-	-	60h
Authwith Key B	-	-	61h
MIRARE Decrement	-	-	C0h
MIFARE Incremnet	-	-	C1h
MIFARE Restore	-	-	C2h
MIFARE Transfer	-	-	B0h

这里示例了 Mifare Classic 通用卡片在返回 ATQA 和 SAK 的参考数据：

Command	ISO/IEC 14443	Code
Request	REQA	26h (7 bit)
Wake-up	WUPA	52h (7 bit)

>>ATQA 0x0004 [0000 0000 0000 0100]

Anticollision CL1	Anticollision CL1	93h 20h
Select CL1	Select CL1	93h 70h
Anticollision CL2	Anticollision CL2	95h 20h
Select CL2	Select CL2	95h 70h

>>SAK 0x08 [0000 1000]

Halt	Halt	50h 00h

使用 Key A,B 验证   60h/61h

命令	操作码	参数	数据	完整性检查机制	命令回复
Auth Key A,B-1	60h/61h	Addr(1yte) 00h-FFh	-	CRC0,1	Token RB（Challenge 1,为 4 个字节的随机数）/或者返回 NAK

命令	操作码	参数	数据	完整性检查机制	命令回复
Auth Key A,B-2	-	Token AB（Challenge 2,为 8 个字节的加密数据）	-	-	Token BA（Challenge 2,为 4 个字节的加密数据）/或者返回 NAK

Auth Key A,B 命令的时序图如下：

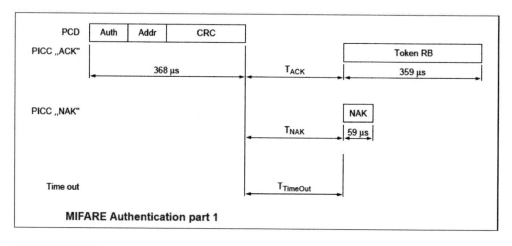

MIFARE Authentication part 1

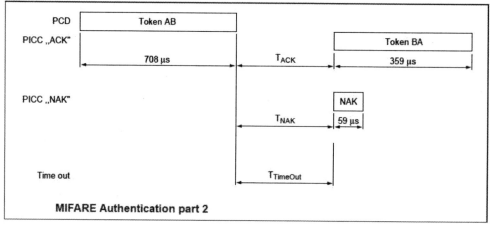

MIFARE Authentication part 2

上面可以看出在做 Key A,B 鉴权时,实际上是有两部分的操作,第一部分为当 READER 读头在对卡片某一数据块发起鉴权,卡片会返回一个 4 个字节的随机数;第二部分则 READER 读头在收到随机数后进行加密处理并且返回 8 个字节的加密数据给到卡片,卡片在收到加密数据后进行相应的解密处理,从解密的数据中能得到刚刚发送过去给读头的正确的随机数后,卡片端会返回 4 个字节的加密数据给读头,双方在最后都确认对方是安全可靠的后,整个的鉴权过程就完成了。

在鉴权处理时有些时序需要处理,下表把各个时序点的最大最小的值罗列如下:

	$T_{ACK 最小}$	$T_{ACK 最大}$	$T_{NAK 最小}$	$T_{NAK 最大}$	$T_{TimeOut超时}$
鉴权第一部分	$71\mu s$	$T_{TimeOut}$	$71\mu s$	$T_{TimeOut}$	1ms
鉴权第二部分	$71\mu s$	$T_{TimeOut}$	$71\mu s$	$T_{TimeOut}$	1ms

充值,扣款和恢复　　　　　　　C0h/C1h/C2h

命令	操作码	参数	数据	完整性检查机制	命令回复
Increment,Decrement and Restore -1	C0/C1/C2h	Addr(1yte) 00h-FFh	-	CRC0,1	4bit ACK/NCK

命令	操作码	参数	数据	完整性检查机制	命令回复
Increment，Decrement and Restore -2	-	Operand（4 byte signed integer) 4 bytes	-	CRC0,1	4bitNCK

INCREMENT,Decrement 和 Restore 命令的时序图如下:

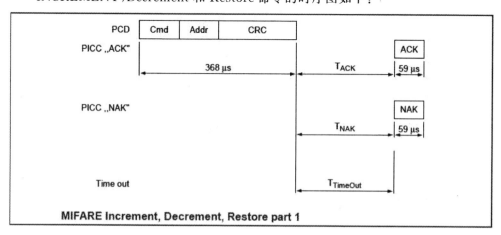

MIFARE Increment, Decrement, Restore part 1

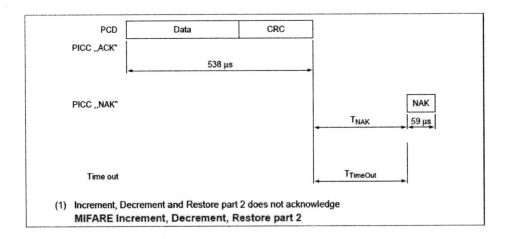

在充值、扣款和恢复处理时有些时序需要处理,下表把各个时序点的最大最小的值罗列如下:

	$T_{ACK最小}$	$T_{ACK最大}$	$T_{NAK最小}$	$T_{NAK最大}$	$T_{TimeOut超时}$
充值,扣款和恢复第一部分	$71\mu s$	$T_{TimeOut}$	$71\mu s$	$T_{TimeOut}$	5ms
充值,扣款和恢复第二部分	$71\mu s$	$T_{TimeOut}$	$71\mu s$	$T_{TimeOut}$	5ms

转移   B0h

命令	操作码	参数	数据	完整性检查机制	命令回复
Transfer	B0	Addr(1yte) 00h-FFh	-	CRC0,1	4bit ACK/NCK

MIFARE Transfer 命令的时序图如下:

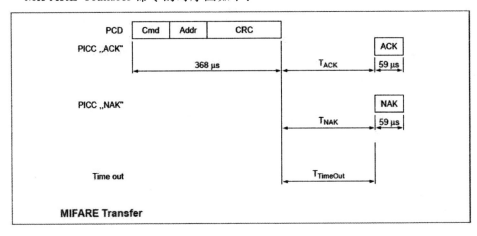

在转移处理时有些时序需要处理,下表把各个时序点的最大最小的值罗列如下:

	$T_{ACK最小}$	$T_{ACK最大}$	$T_{NAK最小}$	$T_{NAK最大}$	$T_{TimeOut超时}$
转移	$71\mu s$	$T_{TimeOut}$	$71\mu s$	$T_{TimeOut}$	10ms

14.4 NTAG20x and NTAG21x (Type 2 Tag)

在一些大规模的零售、游戏和消费电子市场,目标应用为一些户外打印的智能媒体广告以及社交本地化的应用,比如产品鉴权、移动手册标签、蓝牙&WIFI 配对、电子标签和电子名片等。NTAG21x 系列产品支持分段执行多应用的场景,如果说之前的 NFC 论坛定义的 Tag1,2,3,4 是基于之前已有的产品,那么 NTAG21x 系列就是完全为应用标签市场定制的一个产品,可支持密码保护,除非接触接口外还支持 I^2C 与主机端的接口。

支持非接触的 RF 通信的波特率可达到 106 kbps,数据保存期可到 10 年,芯片读/写操作可达 100000 次。

1. NTAG213 45pages×4bytes＝180bytes(用户空间为 144 字节)

2. NTAG215 135pages×4bytes＝540bytes(用户空间为 504 字节)

3. NTAG216 231pages×4bytes＝924bytes(用户空间为 888 字节)

上面三种标签主要的区别就是容量,所以图 14.3 所示的内存布局图就把这三个

Add	0	1	2	3
0x00	串号(Serial number)			
0x01	串号(Serial number)			
0x02	串号(Serial number)	内部代码 (Internal)	锁定字节 0	锁定字节 1
0x03	能力容器 CC(Capability Container)			
0x04				
0x05				
......				
0x0F	144 bytes			
0x10	504 bytes			
	888 bytes			
0x26 0x80 0xE0				
0x27 0x81 0xE1				
0x28 0x82 0xE2	动态锁定字节			保留位(RFUI)
0x29 0x83 0xE3	镜像(MIRROR)	保留位(RFUI)	镜像页(MIRROR_PAGE)	鉴权(AUTH0)
0x2A 0x84 0xE4	访问位(ACCESS)	保留位(RFUI)	保留位(RFUI)	保留位(RFUI)
0x2B 0x85 0xE5	密码保护 PWD			
0x2C 0x86 0xE6	密码应答(PACK)		保留位(RFUI)	保留位(RFUI)

图 14.3 内存布局图

产品放在一起,它们主要区别就是在中间的数据块、数据头块和数据尾块定义解释是一样的,只是数据的偏移量有区别而已。

(1) 静态锁定块:

锁定字节 0								锁定字节 1							
b7	b6	b5	b4	b3	b2	b1	b0	b7	b6	b5	b4	b3	b2	b1	b0
L	L	L	L	L	BL	BL	BL	L	L	L	L	L	L	L	L
7	6	5	4	CC	15-10	9-4	CC	15	14	13	12	11	10	9	8

(2) 动态锁定块:

	动态锁定字节 0								动态锁定字节 1								动态锁定字节 2							
	b7	b6	b5	b4	b3	b2	b1	b0	b7	b6	b5	b4	b3	b2	b1	b0	b7	b6	b5	b4	b3	b2	b1	b0
	L 30-31	L 28-29	L 26-27	L 24-25	L 22-23	L 20-21	L 18-19	L 16-17	RFU	RFU	RFU	RFU	L 38-39	L 36-37	L 34-35	L 32-33	RFU	RFU	BL 36-39	BL 32-35	BL 28-31	BL 24-27	BL 20-23	BL 16-19
NTAG215	L 128-129	L 112-127	L 96-111	L 80-95	L 64-79	L 48-63	L 32-47	L 16-31	RFU	RFU	RFU	RFU	RFU	RFU	RFU	RFU	RFU	RFU	RFU	RFU	BL 112-129	BL 80-79	BL 48-79	BL 16-47
	L 128-143	L 112-127	L 96-111	L 80-95	L 64-79	L 48-63	L 32-47	L 16-31	RFU	RFU	L 224-225	L 208-223	L 192-207	L 176-191	L 160-175	L 144-159	RFU	BL 208-225	BL 176-207	BL 144-175	BL 112-143	BL 80-111	BL 48-79	BL 16-47

(3) 镜像 MIRROR(0x04)

bit7	bit6	bit5	bit4	bit3	bit2	bit1	bit0
MIRROR_CONF		MIRROR_BYTE		RFU	STRG_MOD_EN	RFU	

MIRROR_CONF(00b)   定义那些 ASCII 码需要镜像,当 MIRROR_PAGE 的值大于 0x03 时则表示这个 ASCII 码镜像的功能使能

                    00b   没有 ASCII 的镜像

                    01b   UID ASCII 码镜像

                    10b   NFC 计数器 ASCII 码镜像

                    11b   UID ASCII 码和 NFC 计数器 ASCII 码镜像

MIRROR_BYTE(00b)   用一个字节表示镜像页码位置,从 ASCII 码镜像开始

STRG_MOD_EN(1b)   STRG MOD_EN 为坚固调制模式使能位

                    0b   坚固调制模式关闭

                    1b   坚固调制模式使能

（4）镜像页 MIRROR_PAGE(0x00)

MIRROR_Page 定义 ASCII 码开始镜像的起始页，当值大于 0x03 时则表示使能了 ASCII 码的镜像功能。

（5）鉴权 0 AUTH0(0xFF)

鉴权 0 定义了页码地址当需要密码验证时，有效的地址空间为从 0x00 到 0xFF。当鉴权 0 字节设置的页码地址超出了用户可配置的空间，那么密码保护的功能实际上是关闭的无效的。

（6）访问位 ACCESS (0x00)

bit7	bit6	bit5	bit4	bit3	bit2	bit1	bit0
PROT	CFGLCK	RFU	NFC_CNT_EN	NFC_CNT_PWD_PROT	AUTHLIM		

PROT(0b)　　　　　　　　1 个比特位定义了密码访问内存的权限

0b　写访问由密码保护

1b　读和写都受到密码保护

CFGLCK(0b)　　　　　　用户配置空间的写锁定

0b　用户配置空间开放写访问

1b　用户配置空间永久性写锁定，想要写保护需要密码和密码应答位

NFC_CNT_EN(0b)　　　　NFC 计数器配置

0b　NFC 计数器功能关闭

1b　NFC 计数器功能开启

当 NFC 计数器使能后，每一次的上电之后的 READ 和 FAST_READ 都会 NFC 计数器自动加 1 处理

NFC_CNT_PWD_PROT(0b)　NFC 计数器密码保护

0b　NFC 计数器没有密码保护

1b　NFC 计数器密码保护使能

当 NFC 计数器密码保护使能后，必须要通过有效的密码验证过后，NFC 标签才会回馈计数值给 READ_CNT 命令

AUTHLIM(000b) 恶意密码攻击的次数

000b 恶意密码攻击的次数功能关闭,支持无限次恶意攻击

001b~111b 定义最多的恶意密码攻击的次数

(7) 密码位 PWD(0xFFFFFFFF)

32 个比特的数据用于访问内存时的密码保护。

(8) 密码应答位 PACK(0x0000)

16 个比特用于在处理密码验证过程中的应答回复。

(9) RFU(all of 0x0)

预留位。

4. NTAG21x commands

这里重点介绍一下 NTAG21x 的 ISO1444-4 之后的私有命令(见表 14.5),之前的 ISO1444-3 的命令在之前的 Mifare 通用命令已经讲过,这里就不再重复赘述。

表 14.5 NTAG21x 命令

命令	ISO/IEC 14443	NFC Forum	Code
Request	REQA	SENS_REQ	26h (7bit)
Wake-up	WUPA	ALL_REQ	52h (7bit)
Anticollision CL1	Anticollision CL1	SDD_REQ CL1	93h 20h
Select CL1	Select CL1	SEL_REQ CL1	93h 70h
Anticollision CL2	Anticollision CL2	SDD_REQ CL2	95h 20h
Select CL2	Select CL2	SEL_REQ CL2	95h 70h
Halt	HLTA	SLP_REQ	50h 00h
GET_VERSION *	-	-	60h
READ	-	READ	30h
FAST_READ *	-	-	3Ah
WRITE	-	WRITE	A2h
COMP_WRITE	-	-	A0h
READ_CNT *	-	-	39h
PWD_AUTH *	-	-	1Bh
READ_SIG *	-	-	3Ch

* 这是一个 NTAG21x 新命令,NTAG203 芯片不支持。

这里示例了 NTAG21x 通用标签在返回 ATQA 和 SAK 的参考数据。

Command	ISO/IEC 14443	Code
Request	REQA	26h（7 bit）
Wake-up	WUPA	52h（7 bit）

≫ATQA 0x0044 [0000 0000 0100 0100]

Anticollision CL1	Anticollision CL1	93h 20h
Select CL1	Select CL1	93h 70h
Anticollision CL2	Anticollision CL2	95h 20h
Select CL2	Select CL2	95h 70h

≫SAK 0x00 [0000 0000]

Halt	Halt	50h 00h
GET_VERSION		60h

命令	操作码	参数	数据	完整性检查机制	命令回复
GET_VERSION	60h	-	-	CRC0,1	8bytes * +4bit

8bytes *

序号	描述	NTAG213	NTAG215	NTAG216	解释
0	fixed Header	0x00	0x00	0x00	
1	vendor ID	0x04	0x04	0x04	NXP Semiconductors
2	product type	0x04	0x04	0x04	NTAG
3	product subtype	0x02	0x02	0x02	50 pF
4	major product version	0x01	0x01	0x01	1
5	minor product version	0x00	0x00	0x00	V0
6	storage size	0x0F	0x11	0x13	$2^{7,8}$；$2^{8,9}$；$2^{9,10}$
7	protocol type	0x03	0x03	0x03	ISO/IEC 14443-3 Compliant

GET_VERSION 命令的时序图如下：

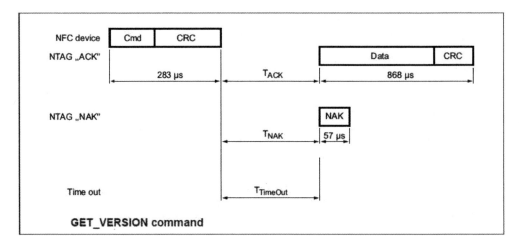

GET_VERSION command

在获取版本号处理时有些时序需要处理，下表把各个时序点的最大最小的值罗列如下：

	$T_{ACK/NAK\ 最小}$	$T_{ACK/NAK\ 最大}$	$T_{TimeOut超时}$
GET_VERSION	n=9	$T_{TimeOut}$	5ms

READ   30h

命令	操作码	参数	数据	完整性检查机制	命令回复
READ	30h	page Add	-	CRC0,1	16bytes＋CRC/4bitNAK

READ 命令的时序图如下：

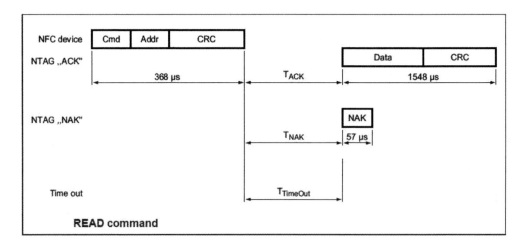

READ command

在读命令处理时有些时序需要处理,下表把各个时序点的最大最小的值罗列如下:

	$T_{ACK/NAK最小}$	$T_{ACK/NAK最大}$	$T_{TimeOut超时}$
READ	n＝9	$T_{TimeOut}$	5ms

FAST_READ   3Ah

命令	操作码	参数	数据	完整性检查机制	命令回复
FAST_READ	3Ah	Start PA	End PA	CRC0,1	n * 4bytes＋CRC/4bitNAK

FAST_READ 命令的时序图如下:

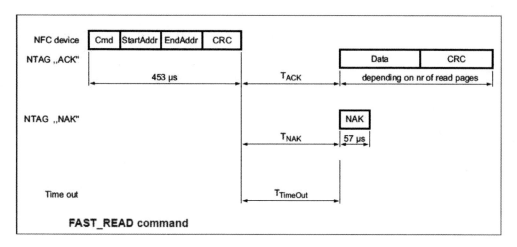

在快速读命令处理时有些时序需要处理,下表把各个时序点的最大最小的值罗列如下:

	$T_{ACK/NAK最小}$	$T_{ACK/NAK最大}$	$T_{TimeOut超时}$
FAST_READ	n＝9	$T_{TimeOut}$	5ms

WRITE   A2h

命令	操作码	参数	数据	完整性检查机制	命令回复
WRITE	A2h	page Add	4byte	CRC0,1	4bitNAK/ACK

WRITE 命令的时序图如下:

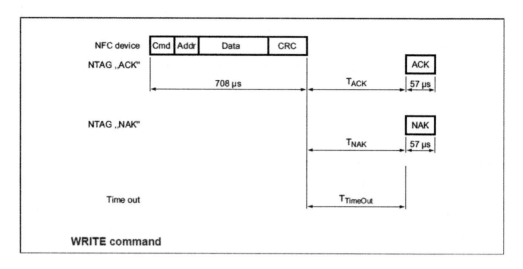

在写命令处理时有些时序需要处理,下表把各个时序点的最大最小的值罗列如下:

	$T_{ACK/NAK最小}$	$T_{ACK/NAK 最大}$	$T_{TimeOut超时}$
WRITE	n＝9	$T_{TimeOut}$	10ms

Compatibilty_WRITE   A0h

命令	操作码	参数	数据	完整性检查机制	命令回复
Com * _WRITE1	A0h	page Add	-	CRC0,1	4bitNAK/ACK

Command	Code	Parameter	Data	完整性检查机制	命令回复
Com * _WRITE2	-	16byte *	-	CRC0,1	4bitNAK/ACK

* 16-byte Data,only least significant 4 bytes are written。

COMPATIBILITY_WRITE 命令的时序图如下:

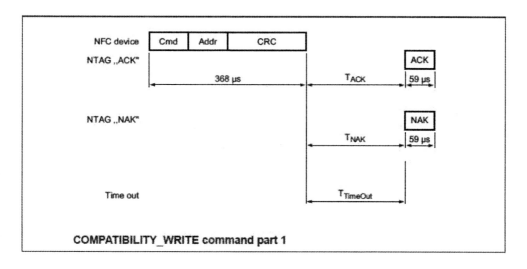

COMPATIBILITY_WRITE command part 1

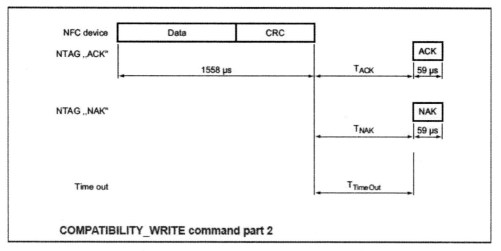

COMPATIBILITY_WRITE command part 2

在兼容写命令处理时有些时序需要处理,下表把各个时序点的最大最小的值罗列如下:

	$T_{ACK/NAK\ 最小}$	$T_{ACK/NAK\ 最大}$	$T_{TimeOut超时}$
COMPATIBILITY_WRITE-1	n=9	$T_{TimeOut}$	5ms
COMPATIBILITY_WRITE-2	n=9	$T_{TimeOut}$	10ms

READ_CNT   39h

命令	操作码	参数	数据	完整性检查机制	命令回复
READ_CNT	39h	02(counter add.)	-	CRC0,1	3bytes+CRC/4bitNAK

READ_CNT 命令的时序图如下：

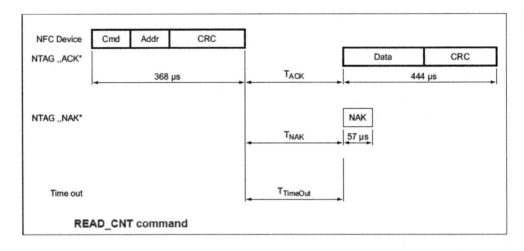

在读计数器处理时有些时序需要处理，下表把各个时序点的最大最小的值罗列如下：

	$T_{ACK/NAK最小}$	$T_{ACK/NAK最大}$	$T_{TimeOut超时}$
READ_CNT	n＝9	$T_{TimeOut}$	5ms

PWD_AUTH   1Bh

命令	操作码	参数	数据	完整性检查机制	命令回复
PWD_AUTH	1Bh	4byte password	-	CRC0，1	2bytesPACK/4bitNAK

PWD_AUTH 命令的时序图如下：

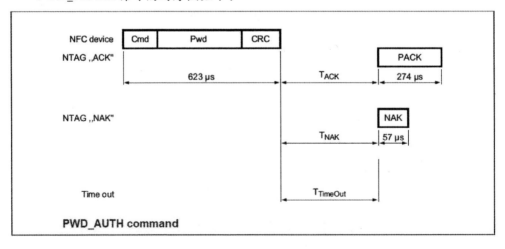

在密码验证处理时有些时序需要处理,下表把各个时序点的最大最小的值罗列如下:

	$T_{ACK/NAK最小}$	$T_{ACK/NAK最大}$	$T_{TimeOut超时}$
PWD_AUTH	$n=9$	$T_{TimeOut}$	5ms

READ_SIG   3Ch

命令	操作码	参数	数据	完整性检查机制	命令回复
READ_SIG	3Ch	00(add.)	-	CRC0,1	32bytesSIGN+CRC0,1

READ_SIG 命令的时序图如下:

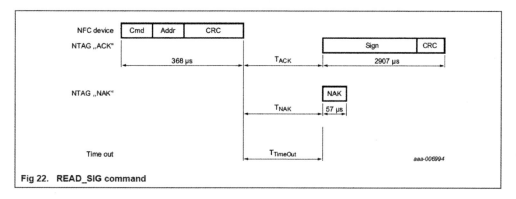

Fig 22. READ_SIG command

在读签名处理时有些时序需要处理,下表把各个时序点的最大最小的值罗列如下:

	$T_{ACK/NAK最小}$	$T_{ACK/NAK最大}$	$T_{TimeOut超时}$
READ_SIG	$n=9$	$T_{TimeOut}$	5ms

参考文献

[1] ISO International Organization for Standardization

http://www.iso.org/iso/home.html

[2] IEC International Electrotechnical Commission

http://www.iec.ch/

[3] ETSI/TS European Telecommunications Standards Institute Technical Specification

http://www.etsi.org/WebSite/homepage.aspx

[4] Ecma European Computer Manufacturers Association TC47

http://www.ecma-international.org/memento/TC47-M.htm

[5] NFC Forum

Committees and working groups : http://www.nfc-forum.org/aboutus/committees/

Specifications list : http://www.nfc-forum.org/specs/spec_dashboard/

[6] GP Global Platform

https://www.globalplatform.org/home.asp

[7] Java API Specifications

https://www.oracle.com/java/java-card.html

[8] China UnionPay

http://cn.unionpay.com/

[9] EMVCo

http://www.emvco.com/specifications.aspx

[10] OSCCA

http://www.oscca.gov.cn/

[11] NXP semiconductors

http://www.nxp.com/

[12] STMicroelectronics

http://www.st.com/content/st_com/en.html

[13] Broadcom Limited

https://www.broadcom.com/

[14] Oberthur Technologies

http://www.oberthur.com

[15] Android SDK for windows

http://developer.android.com/sdk/index.html

[16] Android open source

http://source.android.com/

[17] Eclipse SDK

http://www.eclipse.org/downloads/

[18] Java SE downloads

http://www.oracle.com/technetwork/java/javase/downloads/index.html

[19] Ubuntu 11.04 (Natty Narwhal)

http://ie.releases.ubuntu.com/natty/

[20] Python

http://www.python.org/download/

[21] Virtualbox

http://www.virtualbox.org/wiki/Downloads

[22] Git

http://git-scm.com/download

[23] Valgrind

http://valgrind.org/downloads/current.html

[24] Seek

http://code.google.com/p/seek-for-android/

[25] android.nfc

http://developer.android.com/reference/android/nfc/package-summary.html

［26］android.nfc.tech

　　　http://developer.android.com/reference/android/nfc/tech/package-summary.html

［27］JR/T 0025.4-2012《中国金融集成电路(IC)卡规范》

［28］CJ/T 304-2008《建设事业 CPU 卡操作系统技术要求》

［29］《交通一卡通移动支付技术规范》